国家中职示范校机电类专业
优质核心专业课程系列教材
西安技师学院国家中职示范校建设成果

GAOYADIANQIZHUANGPEIYUTIAOSHI

高压电器装配与调试

◎ 徐晓英 主编

西安交通大学出版社
XI'AN JIAOTONG UNIVERSITY PRESS

内容提要

本书着重讲述了高压隔离开关、高压断路器和GIS组合电器三种典型高压电器的装配过程及工艺要求；全书以8个典型工作项目为主线，通过项目的实施，传授高压电器装配工应掌握的基本理论知识和专业技能，通过完整的工作过程的呈现，培养学生的职业能力。结合企业工作岗位实际情况，隔离开关部分选取了GW4-126DW型隔离开关进行装配与调试，分为底座装配、导电部分装配以及总装三个工作项目；断路器部分选择了LW8-123DW及ZN63-28两种典型断路器，分两个项目进行装配与调试；GIS组合电器部分选取了ZF7A-126型组合电器进行装配与调试，设置隔离开关分装、断路器分装以及总装三个项目组织教学；教材内容基本涵盖了高压电器主要岗位所需的基本知识点和技能点，同时“行动导向”理念的融入全面提升了学生综合素质，为后续下厂实习，强化职业技能，提高工作能力打下坚实的基础。

图书在版编目（CIP）数据

高压电器装配与调试/ 徐晓英主编—西安：西安交通大学出版社，2013.12（2023.8重印）
ISBN 978-7-5605-5801-1

Ⅰ.①高… Ⅱ.①徐…Ⅲ.①高压电器—装配（机械）—教材②高压电器—调试方法—教材 Ⅳ.①TM5

中国版本图书馆 CIP 数据核字（2013）第265815号

书　　名 高压电器装配与调试
主　　编 徐晓英
副 主 编 孙　杰　李秀梅
策划编辑 曹　昳
责任编辑 郭鹏飞

出版发行 西安交通大学出版社
（西安市兴庆南路1号　邮政编码710048）
网　　址 http://www.xjtupress.com
电　　话（029）82668357 82667874（市场营销中心）
（029）82668315（总编办）
传　　真（029）82668280
印　　刷 西安日报社印务中心

开　　本 880mm×1230mm 1/16　**印张** 11.75　**字数** 220千字
版次印次 2013年12月第1版　2023年8月第3次印刷
书　　号 ISBN 978-7-5605-5801-1
定　　价 28.00元

如发现印装质量问题，请与本社市场营销中心联系。
订购热线：（029）82665248　（029）82667874
投稿热线：（029）82668502　QQ：8377981
读者信箱：lg_book@163.com

西安技师学院国家中职示范校建设项目
优质核心专业课程系列教材编委会

《高压电器装配与调试》编写组

主　编：徐晓英

副主编：孙　杰　李秀梅

参　编：单丽娟　张敏娟　王　斌

前言 Preface

本书是全国示范校建设规划教材之一，为适应中等职业院校课程体系与教学内容的改革需要而组织编写。本书既可以作为中等职业院校高压电器装配专业及相近专业的教材，也可作为高压电器设备制造企业装配工的培训和参考用书。

本书打破了传统的学科式教材模式，以项目为导向，以任务进行驱动，以能力培养为重点构建项目内容，所选项目均由企业实践专家与学校教师结合企业工作岗位的实际情况，结合职业能力分析结果，精心筛选，具有广泛的代表性，能够满足课程的知识和技能点的要求；同时，在某个学习任务中根据需要增设拓展模块，拓展理论知识学习与技能培养，有利于提高学生的可持续发展能力。本书特别注重理论的应用性，体现以能力培养为本位的观念，注重技能训练，以胜任职业岗位需要为出发点。将装配工的理论知识渗透到完整的工作任务中去，充分体现了职业教育校企合作、工学结合的特色，也是为培养符合社会和企业需要的高技能应用型人才进行的探索。

本书图文并茂，工作项目紧密贴合企业，专业针对性强，浅显易懂。

本书由西安技师学院徐晓英主编，孙杰、李秀梅副主编，单丽娟、张敏娟、王斌参编。徐晓英负责全书的构思和统稿工作，并与李秀梅编写了学习任务二的项目一、学习任务三的项目一和项目三，孙杰编写了学习任务一的项目二和学习任务三的项目二，单丽娟编写学习任务一的项目一，张敏娟编写学习任务一的项目三，王斌编写了学习任务二的项目二。此外，西安西电高压开关有限责任公司工程师关文、西电电气股份有限公司工程师周长松、西电中低压开关有限公司工程师杨建强、西安豪特电力开关制造有限公司经理李秀梅和技术员曹锐等各企业实践专家，对本书提出了宝贵的意见，再次深表感谢。

在编写过程中，不少单位和个人给予了大力的支持和帮助，谨在此表示衷心的谢意！

本书在编写过程中参考了许多相关的教材和专著，并引用了部分企业的资料和文件，在此谨向这些书刊资料的作者和提供人员表示衷心的感谢！

由于本人水平所限，加上时间仓促，书中错漏之处在所难免，恳请使用本书的广大读者批评指正。

徐晓英

2013.8.27

目录 Contents

隔离开关的装配与调试

你还记得什么是隔离开关吗？

隔离开关：

看起来像生活中的插座与插头的作用。

但不只这么简单！

隔离开关（Disconnector)即在分位置时，触头间有符合规定要求的绝缘距离和明显的断开标志；在合位置时，能承载正常回路条件下的电流及在规定时间内异常条件（例如短路）下的电流的开关设备。（IEV441-14-05)

你认识以下这些隔离开关吗？

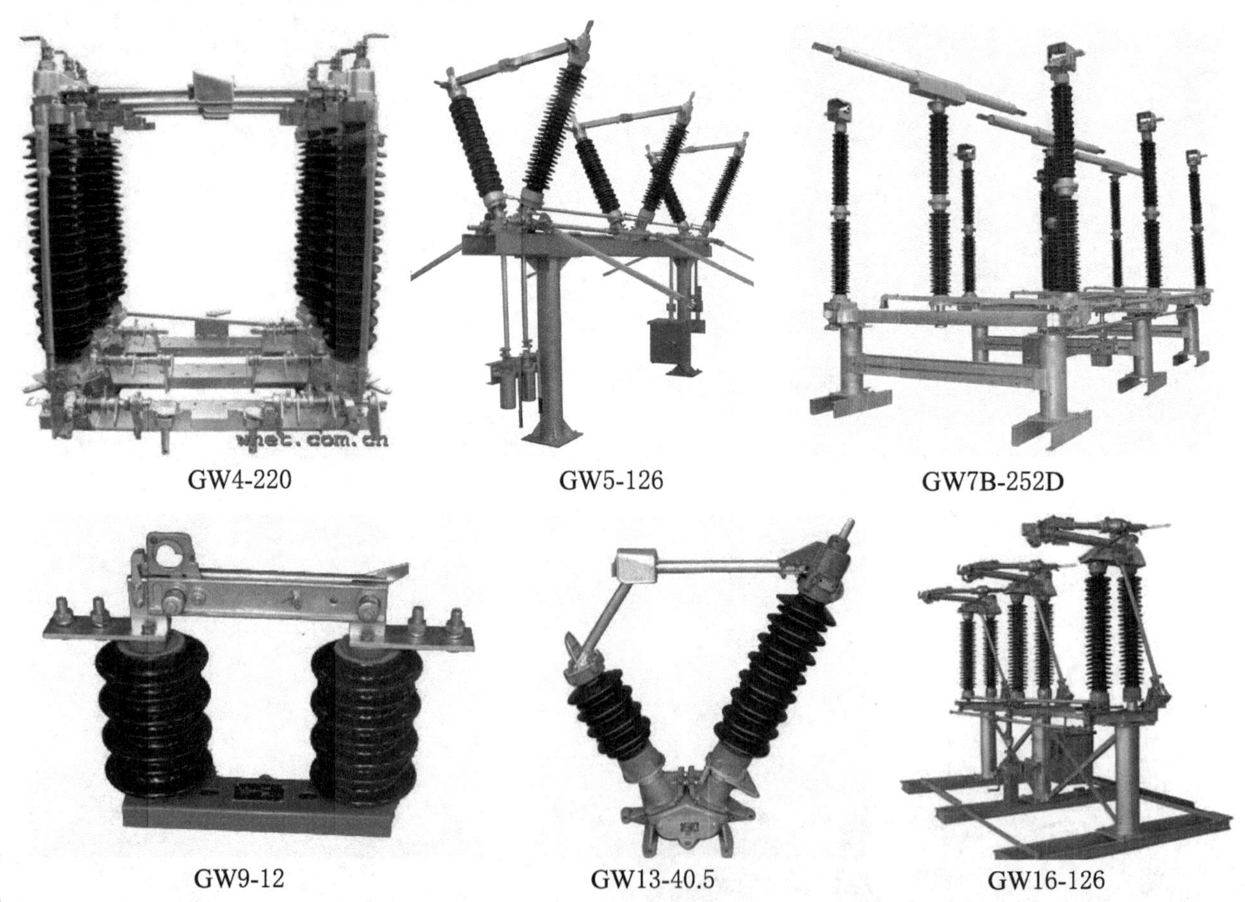

GW4-220　GW5-126　GW7B-252D

GW9-12　GW13-40.5　GW16-126

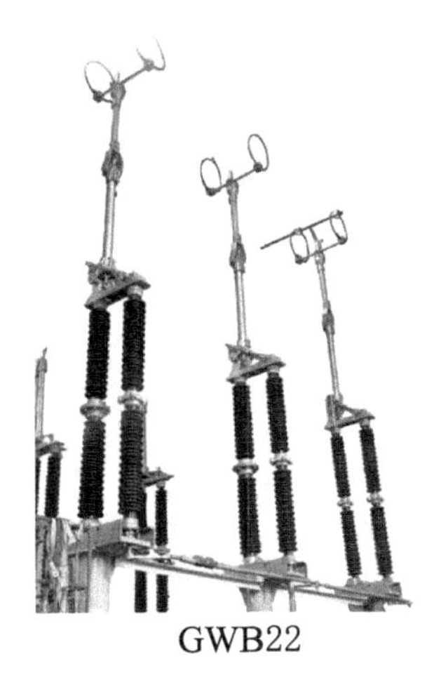

GWB22

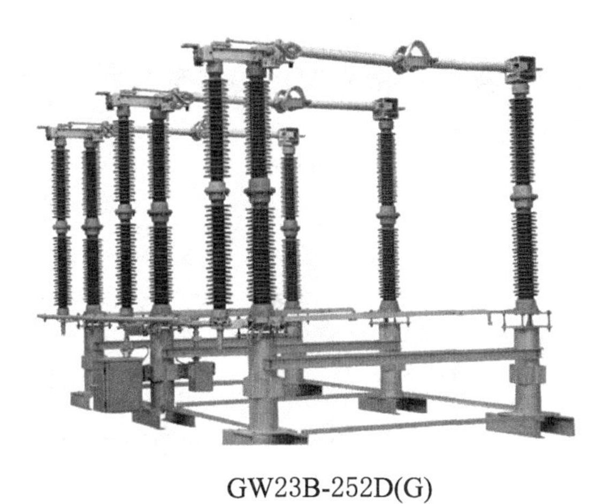

GW23B-252D(G)

GW46-550

这些都是隔离开关。想想为什么结构有所不同？

7.2 kV

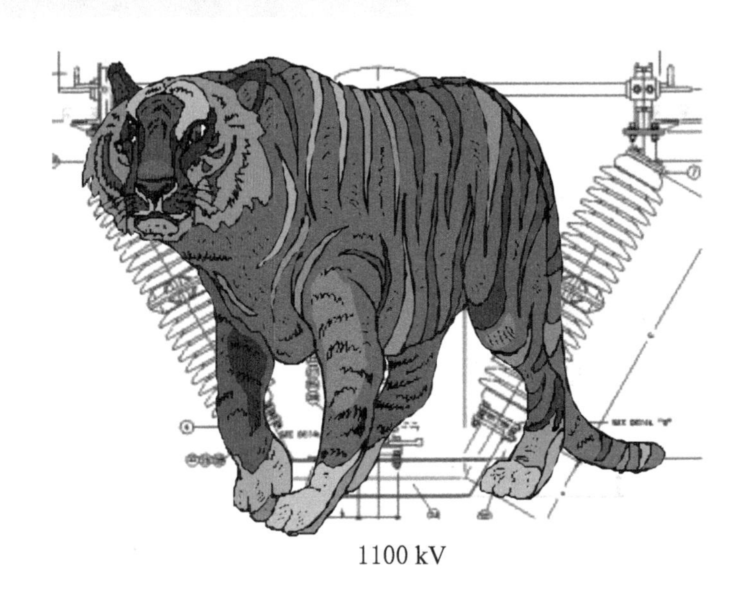

1100 kV

明白了么？对，就是电压等级不同所以结构也不尽相同！

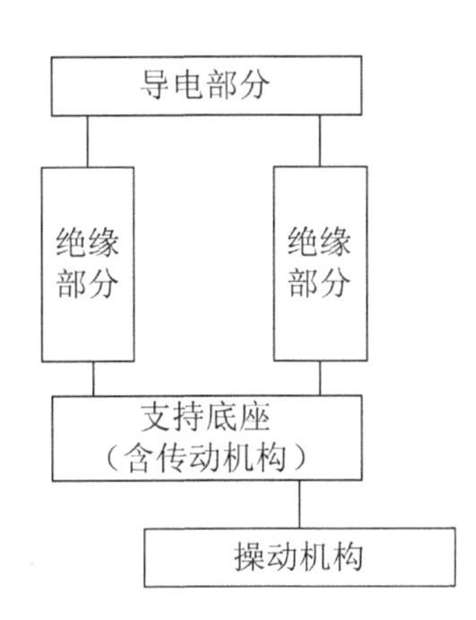

想想隔离开关按功能不同分为几个部分？

你能填出下图中隔离开关相关部件的名称吗？

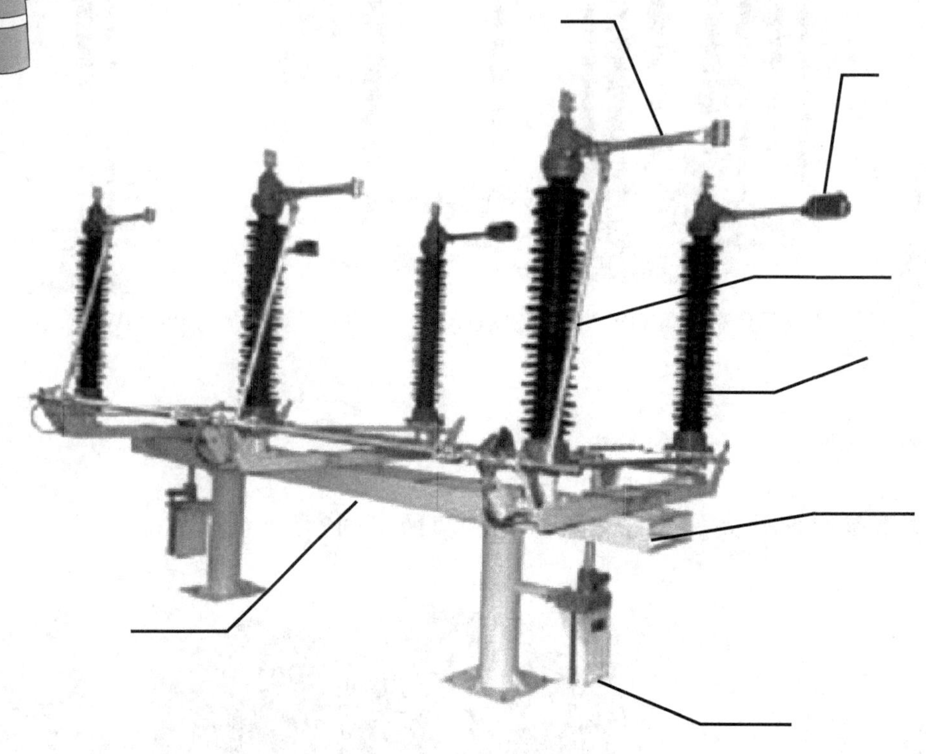

你想起来隔离开关了吗？

你知道如何进行隔离开关的装配吗？

你能够进行隔离开关的装配吗？

那我们试试吧！

项目一 GW4-126DW型隔离开关底座装配

来订单喽！

西安某电器制造有限公司接到一批GW4-126DW型隔离开关的生产订单，由于时间紧、任务重，需要向我系借调一批学生前往协助完成该生产任务。时间为3天，主要负责隔离开关底座部分的装配。

生产任务分配单

西安XX电器制造有限公司　　　　　　　　派工日期　　年　　月　　日

工作号	工艺编号	图号	名称		计划量	材料规格	下料尺寸
HT1303107	GW4-126IIDW/1250	(双接地)			一组	瓷瓶高度 H=1190 mm; 抗弯6 kN; 爬电比距 25 mm/kV; 散包	
工序	单件/准备	总工时	合格	回用	废品	检查员	操作者
底座装配	10H×1+11H×1+8H×1	3天					

先让我们看看装配车间吧！

可是什么是GW4-126DW型隔离开关?

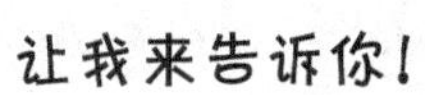

GW4-126DW型户外交流高压隔离开关系双柱水平旋转式三相交流50 Hz户外高压开关设备，用于额定电压为110 kV的电力系统中。供在有电压无负载时分合电路之用，以及对被检修的高压母线、断路器等电气设备与带电的高压线路进行电气隔离之用。常与CJ6、CJ6B、CJ11A等电动操动机构组合，特别适合电力系统和电气化铁路领域对远距离分、合的控制需要。

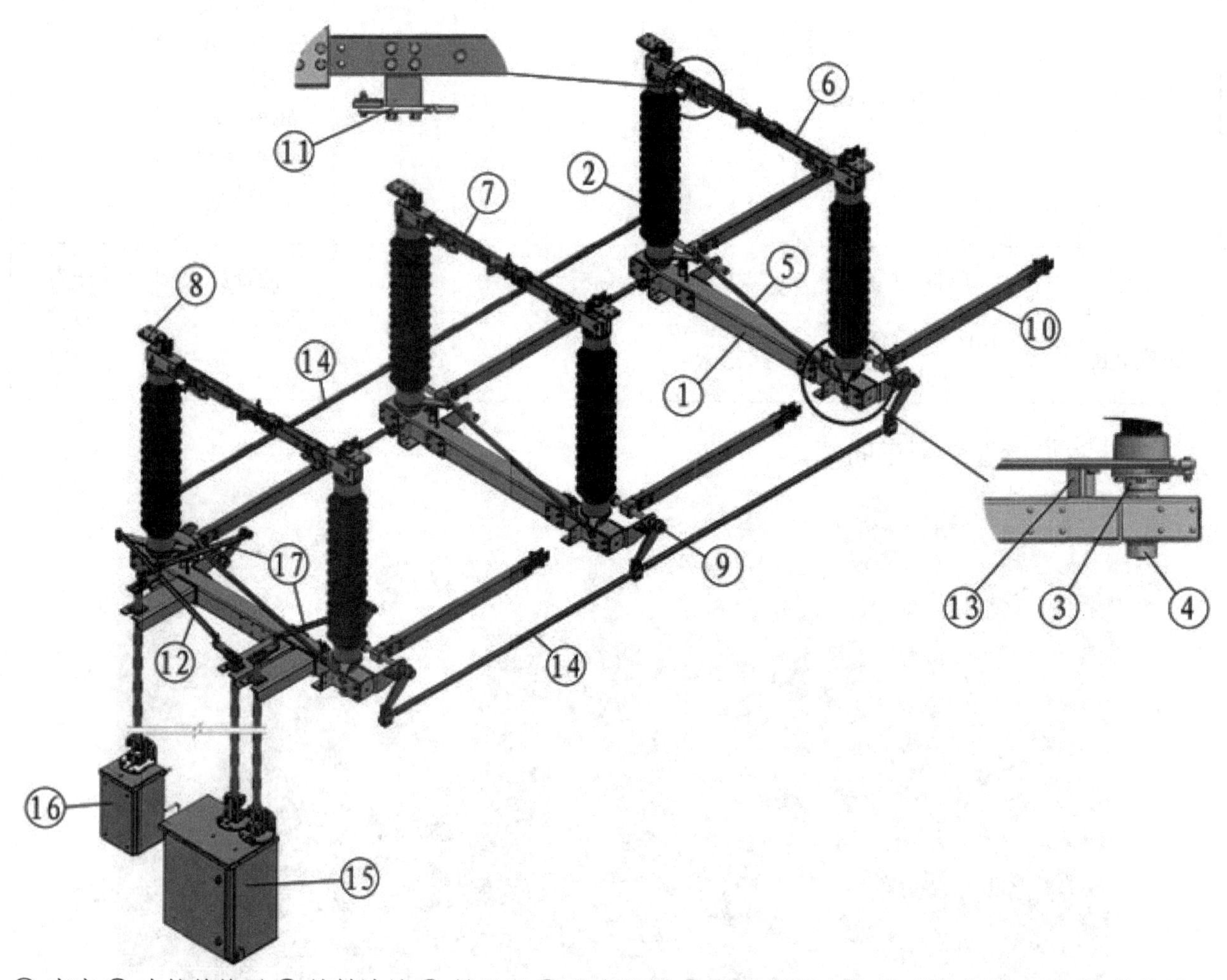

①-底座 ②-支柱绝缘子 ③-旋转法兰 ④-轴承座 ⑤-反向拉杆 ⑥-触头侧导电臂 ⑦-触指侧导电臂 ⑧-接线端子 ⑨-接地开关水平转轴 ⑩-地刀臂（接地开关动触杆）⑪-接地触头（接地开关静触头）⑫-隔离开关主拉杆 ⑬-机械限位装置 ⑭-接地开关联动拉杆 ⑮-电动操动机构 ⑯-手动操动机构 ⑰-接地开关主拉杆

呵呵，我来考考你！

型号：GW4－126DW / J1250-31.5中字母、数字代表什么含义啊？

G：________________

W：________________

4：______________________

126：______________________

D：______________________

W：______________________

J：______________________

1250：______________________

31.5：______________________

温馨提示

可参阅《电力系统及设备》课程隔离开关相关内容

隔离开关工作原理

隔离开关的分、合闸是通过电动操动机构带动底座中部的转动轴旋转180°，通过水平连杆的带动，使一侧的支柱绝缘子（安装于转动杠杆上）旋转90°，并借助反向拉杆使另一个支柱绝缘子反转90°，于是隔离开关便向另一侧分开或闭合。接地开关操作机构分合时，借助传动轴及水平连杆使接地开关转动轴旋转一定角度，达到分合的目的。

触头闭合前	触头闭合后

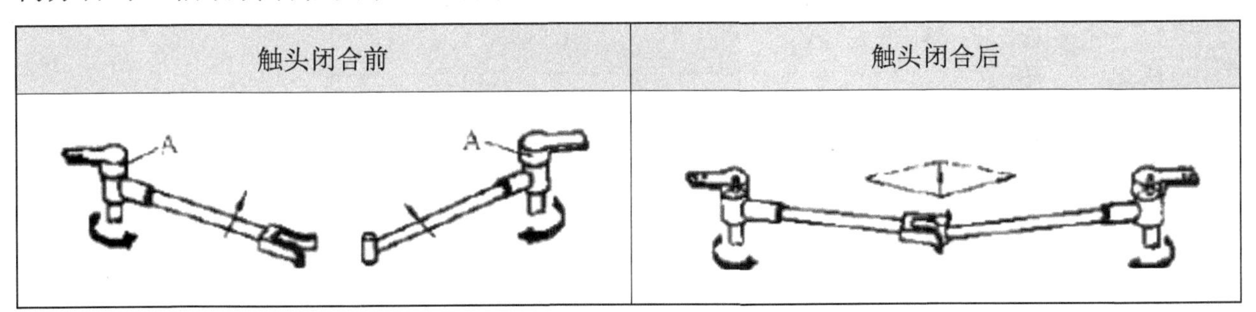

GW4-126DW产品技术参数表

项目	主要规格和技术参数	备注
额定电压 kV	110	
最高工作电压 kV	126	
额定频率 Hz	50	
额定电流 A	630、1250、1600、2000、2500	
额定短时耐受电流（有效值）kA	20、31.5、40、40、40	
额定短时耐受电流持续时间 s	4	

（续表）

<table>
<tr><th colspan="3">项目</th><th colspan="2">主要规格和技术参数</th><th>备注</th></tr>
<tr><td colspan="3">额定峰值耐受电流（峰值）kA</td><td colspan="2">50、80、100、100、100</td><td></td></tr>
<tr><td colspan="3">主回路电阻 μΩ</td><td colspan="2">见技术文件</td><td></td></tr>
<tr><td colspan="3">温升试验电流 A</td><td colspan="2">1.1Ir</td><td></td></tr>
<tr><td colspan="2" rowspan="5">额定工频1 min耐受电压（有效值）kV</td><td>对地</td><td colspan="2">230</td><td rowspan="13">海拔超过2000 m时，需要进行修正
$K=\frac{1}{1.1-H\times10^{-4}}$</td></tr>
<tr><td>断口</td><td colspan="2">265</td></tr>
<tr><td>断口</td><td colspan="2">630</td></tr>
<tr><td>恢复电压 V</td><td colspan="2">100（有效值）</td></tr>
<tr><td>开断次数 次</td><td colspan="2">100</td></tr>
<tr><td colspan="3">开合小电容电流 A</td><td colspan="2">1</td></tr>
<tr><td colspan="3">开合小电感电流 A</td><td colspan="2">0.5</td></tr>
<tr><td rowspan="6">接地开关开合感应电流能力（A类/B类）</td><td rowspan="3">电磁感</td><td>感性电流 A</td><td colspan="2">50/80</td></tr>
<tr><td>感应电压 kV</td><td colspan="2">0.5/2</td></tr>
<tr><td>开断次数 次</td><td colspan="2">10</td></tr>
<tr><td rowspan="3">静电感</td><td>容性电流 A</td><td colspan="2">0.4/2</td></tr>
<tr><td>感应电压 kV</td><td colspan="2">3/6</td></tr>
<tr><td>开断次数 次</td><td colspan="2">10</td></tr>
<tr><td colspan="3">分闸或合闸时间 s</td><td colspan="2">3.75</td><td>配电动机构</td></tr>
<tr><td colspan="3">机械稳定性 次</td><td colspan="2">2000</td><td></td></tr>
<tr><td colspan="3">辅助和控制回路短时工频耐受电压 kV</td><td colspan="2">2</td><td></td></tr>
<tr><td colspan="3">无线电干扰电压 μV</td><td colspan="2">≤500</td><td>试验电压1.1Ur/$\sqrt{3}$</td></tr>
<tr><td colspan="2" rowspan="4">接线端子静态机械负荷N</td><td>水平纵向</td><td rowspan="3">≤2500 A时</td><td>1000</td><td rowspan="4"></td></tr>
<tr><td>水平横向</td><td>750</td></tr>
<tr><td>垂直</td><td>1000</td></tr>
<tr><td>安全系数</td><td colspan="2">静态2.75，动态1.7</td></tr>
</table>

（续表）

项目			主要规格和技术参数	备注
支柱绝缘	高度mm	Ⅲ级耐污	1200	
		Ⅳ级耐污		
	抗弯kN		4	
	爬电距离mm	Ⅲ级耐污	3150	
		Ⅳ级耐污	3906	
	干弧距离mm	Ⅲ级耐污	1000	海拔超过2000 m时，需进行修正
		Ⅳ级耐污		
	S/P		0.9	
产品单极重量（本体）kg			≈240	
配用机构（CS为手动，CJ为电动）	不接地		CS14GA、CJ6B	此处只说明其可配性，具体配置依据技术协议
	单接地		CS14GA、CJ6B	
	双接地		CS14GA、CJ6B	
机构转角			主刀、地刀均为180°	手动机构可配电磁锁
机构重量kg			CS14GA：10；CJ6B：55；	

温馨提示

技术参数的具体含义可参阅《电力系统及设备》课程隔离开关相关内容。

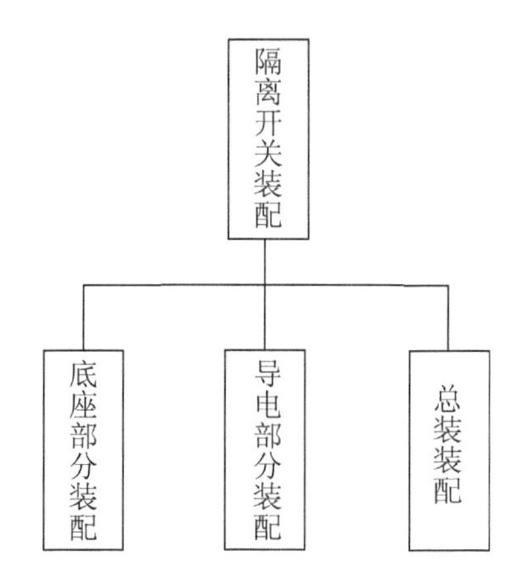

GW4-126DW型隔离开关装配流程图

我们要装配的底座在哪里？在隔离开关中起什么作用呢？

____

____

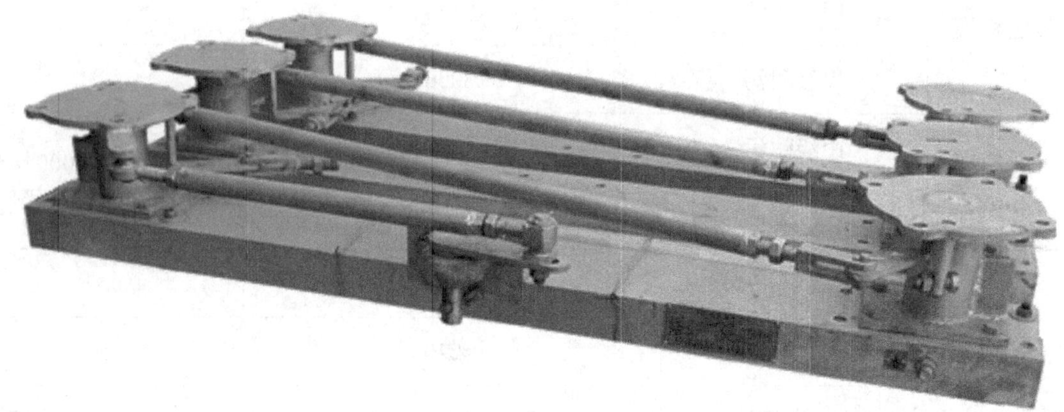

今天，我们要干什么？

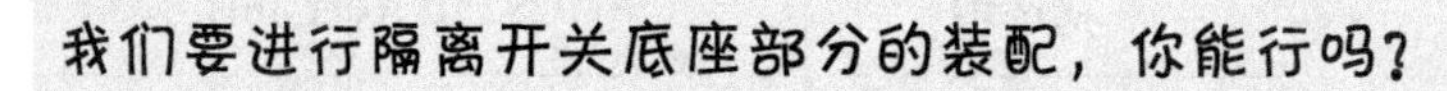

装配之前需要我们首先了解装配所涉及到的主要部件。

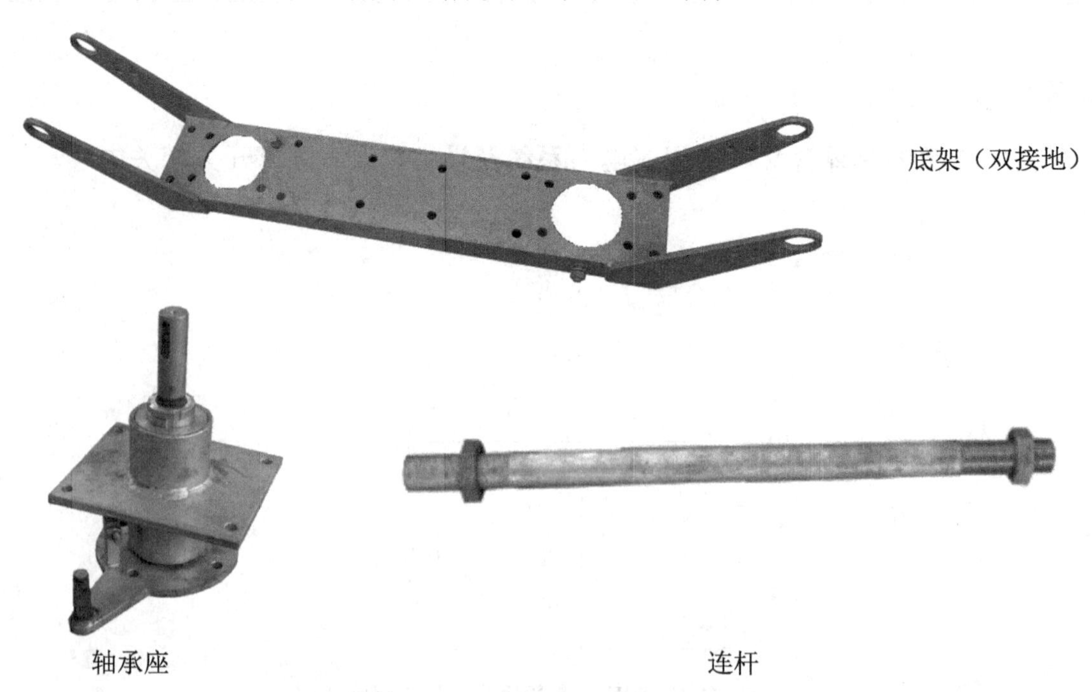

底架（双接地）

轴承座

连杆

隔离开关基座

接地开关基座

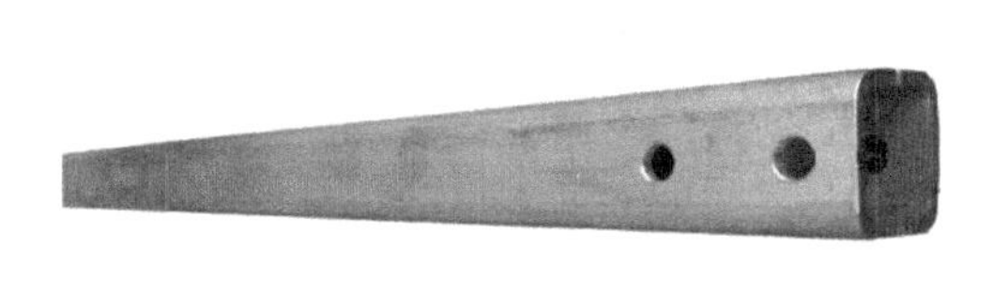

接地闸刀

接地软连接

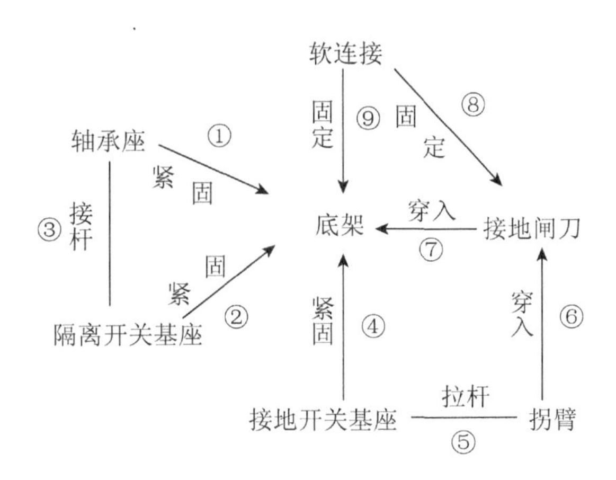

GW4-126DW型隔离开关底座部分装配流程图

你了解了多少呢？让我来考考你！

1. GW4-126DW型隔离开关底座部分由________、________、________和________部分组成？

2. 接地闸刀的作用是什么？为什么要接地呢？

____

制定装配方案

对隔离开关底座部分装配你了解了吗？你能和组员协作完成一个隔离开关底座部分的装配吗？让我们来制定一个装配方案吧！

1．在教师的引导下进行分组。

2．各小组根据表1制定装配方案。

表1　工作计划安排表

GW4-126DW隔离开关底座部分装配方案				
小组名称：			小组负责人：	
小组成员：				
装配流程： 软连接 固定 ⑨　固定 ⑧ 轴承座 ① 紧固 ③ 接杆 底架 ← 穿入 ⑦ ← 接地闸刀 隔离开关基座 ② 紧固 紧固 ④　穿入 ⑥ 接地开关基座 — 拉杆 ⑤ — 拐臂				
内容		时间	人员	备注
拉杆的组装	领料及准备			
	工具选择			
	拉杆的组装			

（续表）

内容		时间	人员	备注
轴承座装配	领料及准备			1.此环节注意润滑脂的使用 2.注意三相中轴承座的区别
	工具选择			
	轴承座（13、5）与底架的装配			
	反向拉杆连接两轴承座			
隔离开关基座的组装	工具选择			
	隔离开关基座与底架的装配			
	轴承座（5）与隔离开关基座的连接			
拐臂装配	领料及准备			
	工具选择			
	拐臂的组装			
接地闸刀装配	领料及准备			
	工具选择			
	拐臂与接地闸刀的连接			
	接地闸刀与底架的装配			
接地开关基座装配	领料及准备			
	工具选择			
	接地开关基座与底架的装配			
	接地开关基座与拐臂的连接			
软连接装配	领料及准备			
	工具选择			
	两接地闸刀（36、20）的连接			
	软连接与接地闸刀（36）装配			
	软连接与底架的装配			

（续表）

内容		时间	人员	备注
收尾工作	接地螺栓的安装			
	安装铭牌、接地铭牌			
调整阶段	调整拉杆位置，保证轴承座转动灵活，地刀分合自如			
装配工艺检查	检查拉杆位置，确定轴承座是否转动灵活，地刀是否分合自如			
交付现场清理	移交下一道工序			
	整理工具、打扫卫生			

3．以小组为单位汇报装配方案的思路。

4．经教师点评和小组讨论后确定最佳装配方案。

各部件首件装配完后小组需进行自检及报检。

装配实施

工前准备

表2　工前准备

准备项目	检查结果
安全措施	安全帽□、工作服□、工作鞋□、工作手套□
文件资料	标准文件□、装配作业指导书□、工艺守则□

底座装配图见附录一

领料及准备

1）零部件领取及检查：根据下表领取零部件，并填写正确的数量和检查结果。

GW4-126DW底座部分领用单

序号	名称	数量	检查结果	备注
1	底架		规格□、外观□、光洁度□	
2	槽钢		规格□、外观□、光洁度□	
3	杠杆		规格□、外观□、光洁度□	
4	轴承座		规格□、外观□、光洁度□	
5	轴承		规格□、外观□、光洁度□	
6	拉杆		规格□、外观□、光洁度□	
7	拐臂		规格□、外观□、光洁度□	
8	接地闸刀		规格□、外观□、光洁度□	
9	板		规格□、外观□、光洁度□	
10	定位件		规格□、外观□、光洁度□	
11	扭簧		规格□、外观□、光洁度□	
12	铭牌		规格□、外观□、光洁度□	
13	球套		规格□、外观□、光洁度□	
14	地刀杆		规格□、外观□、光洁度□	
15	触片		规格□、外观□、光洁度□	
16	软连接		规格□、外观□、光洁度□	
17	触头		规格□、外观□、光洁度□	
18	接地铭牌		规格□、外观□、光洁度□	
19	轴套		规格□、外观□、光洁度□	

温馨提示

注意拉杆的长度、接头及螺母的种类与数量。

2）工位器具选择：在下表中勾选出需要的工位器具，并填写需要的规格及数量。

序号	名称	规格/编号	单位	数量	备注
1	力矩扳手		套		
2	套筒扳手		套		
3	梅花扳手		套		
4	活动扳手		把		
5	钢卷尺		把		
6	木榔头	/	把		

拉杆的组装

1.连接拉杆的组装

把螺母装在接头上，把螺母（左旋/31）旋入接头上，再把装配好的接头分别装在拉杆的两端。

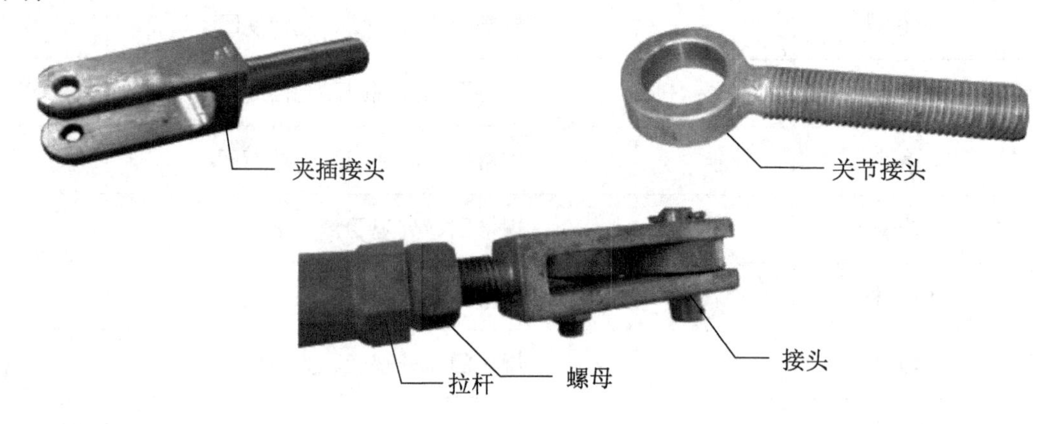

温馨提示

螺纹连接知识可参阅《机械基础》相关知识。

轴承座装配

1.轴承座与底架的装配

轴承座的作用是什么？用什么材料制成？

____

____

按照图纸将轴承座按照A、B、C三相的顺序摆放好，并倒置在工作场地，注意一爪、二爪、三爪各自的区别，把槽钢按照A、B、C三相的顺序对应的套装在轴承座）上，并用标准件（螺栓、弹簧垫圈、螺母）进行紧固。紧固好后把装配在一起的槽钢和轴承座翻转过来。

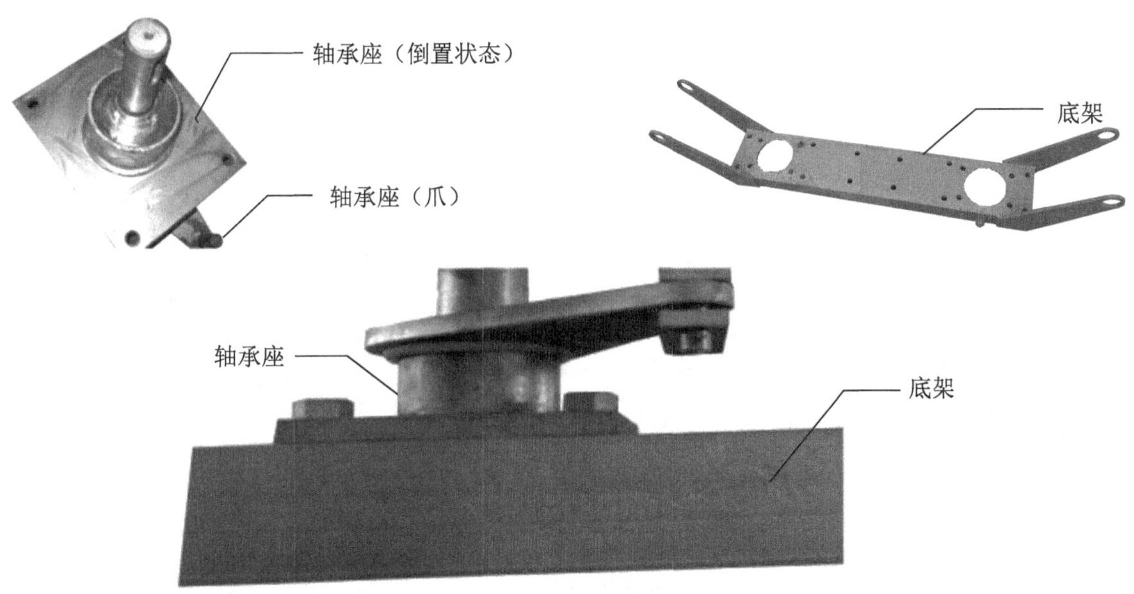

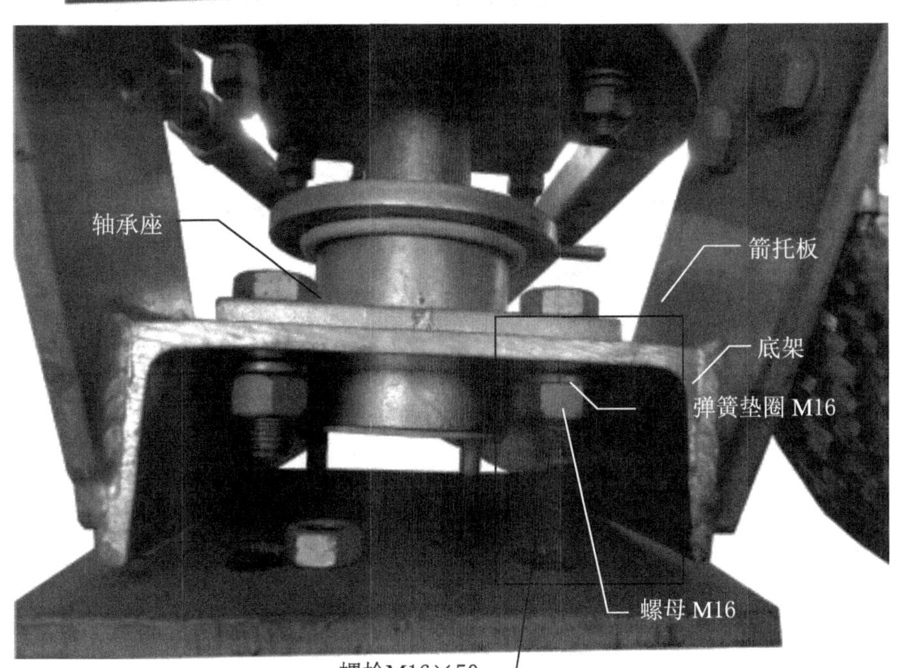

注意轴承座爪的个数。

同学们，观察一下哦，槽钢与箭托板是如何连接的？

____

____

2. 拉杆连接两轴承座

用反向拉杆把轴承座连接起来，用带孔销、垫圈和开口销把反向拉杆和轴承座连接起来。

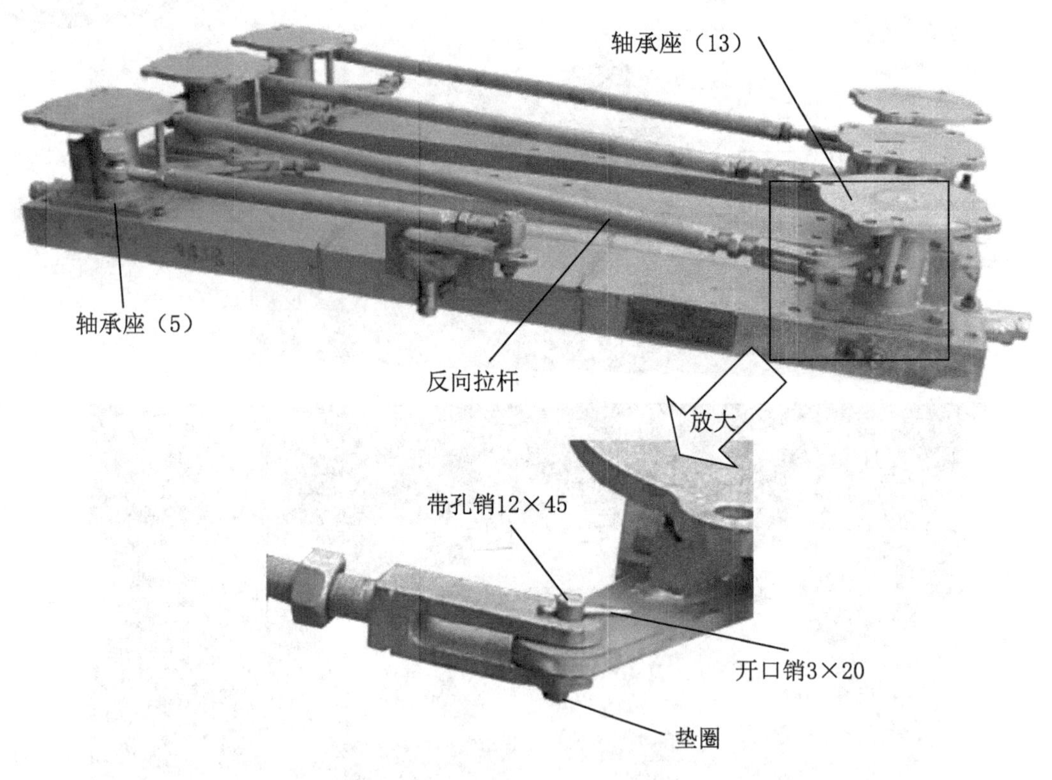

销连接知识可参阅《机械基础》

安装过程中请观察一下垫圈是什么材质的？在这里起什么作用呢？

____

____

隔离开关基座的安装

1.隔离开关基座与底架的装配

把隔离开关基座装在底架上，用标准件（弹簧垫圈、螺母、全纹螺栓）进行紧固。

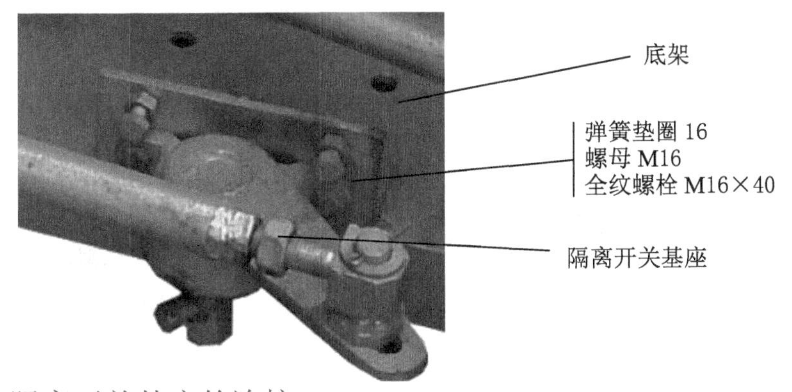

2. 轴承座与隔离开关基座的连接

用拉杆把轴承座和隔离开关基座连起来，用带孔销、垫圈和开口销连接。

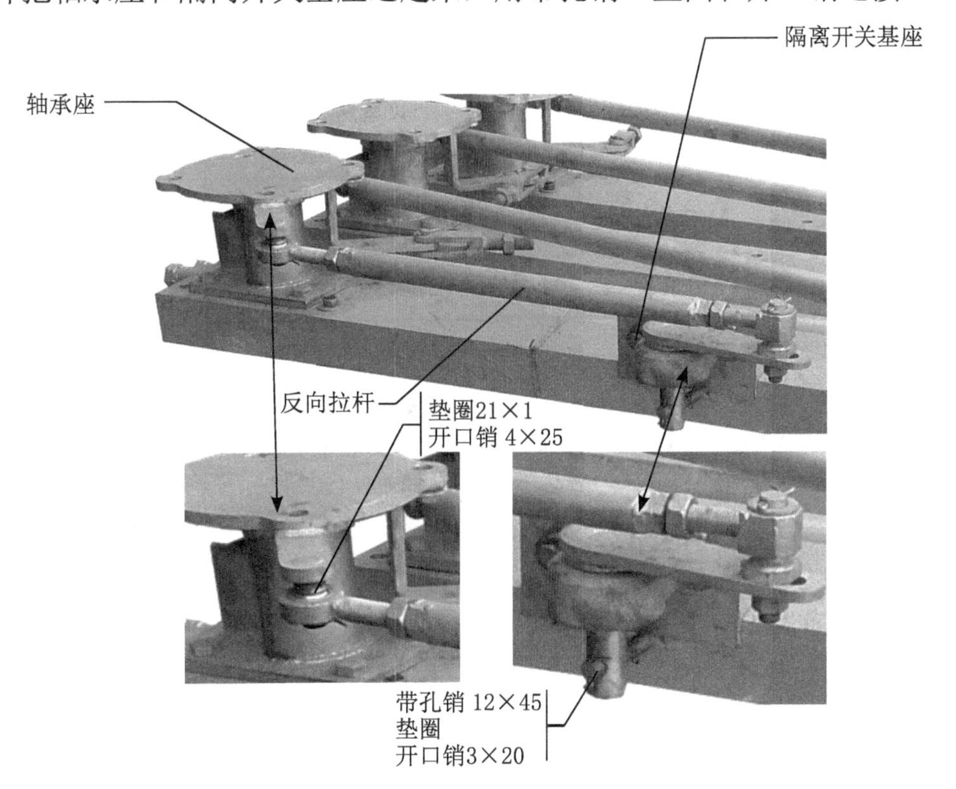

隔离开关基座的作用是什么？连接中为什么采用销连接？

____

____

拐臂装配

1. 拐臂的组装

将球套压装在轴套里。之后将装好的轴套装入拐臂中，用紧定螺钉进行紧固。

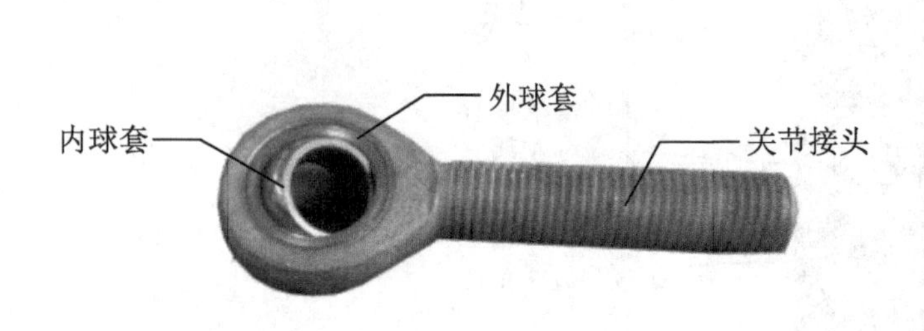

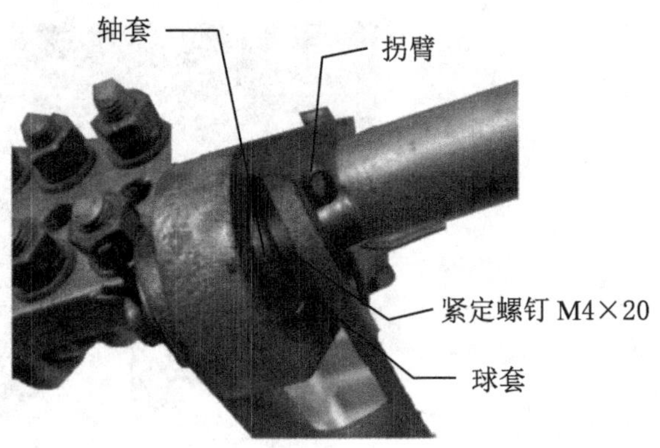

一定要保证球套的转动灵活。

接地闸刀装配

1. 拐臂与接地闸刀的连接

把装好的拐臂穿入接地闸刀。

2. 接地闸刀与底架的装配

再将接地闸刀穿入底架的箭托板上，然后再将定位件、扭力弹簧依次穿过另一个箭托板，扭力弹簧侧的定位件用螺栓紧固，另一只定位件用螺栓进行紧固，最后用垫圈、弹垫、螺母和螺栓把接地闸刀和拐臂进行紧固。

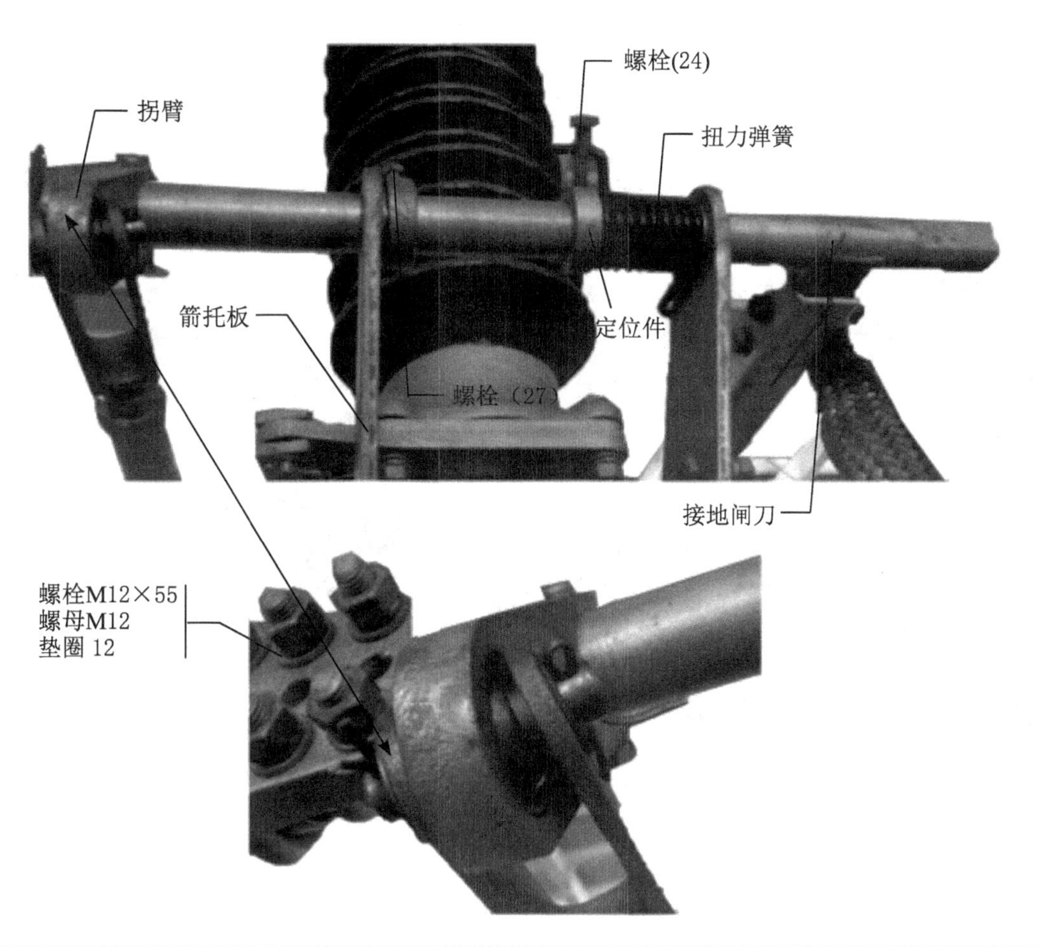

温馨提示

扭力弹簧侧的定位件可暂时不固定，只将螺栓旋入即可，调整时再将其紧固。

接地开关基座装配

1.接地开关基座与底架的装配

将接地开关基座装在底架上，用弹簧垫圈、螺母、全纹螺栓进行紧固。

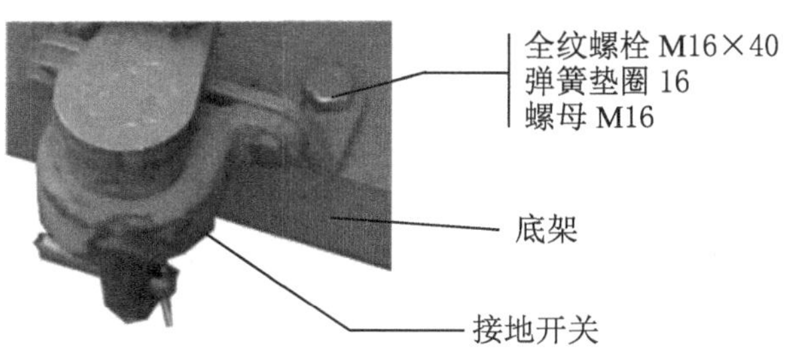

2.接地开关基座与拐臂的连接

把装配好的拉杆装在接地开关基座和拐臂上，两端分别用带孔销和开口销固定。

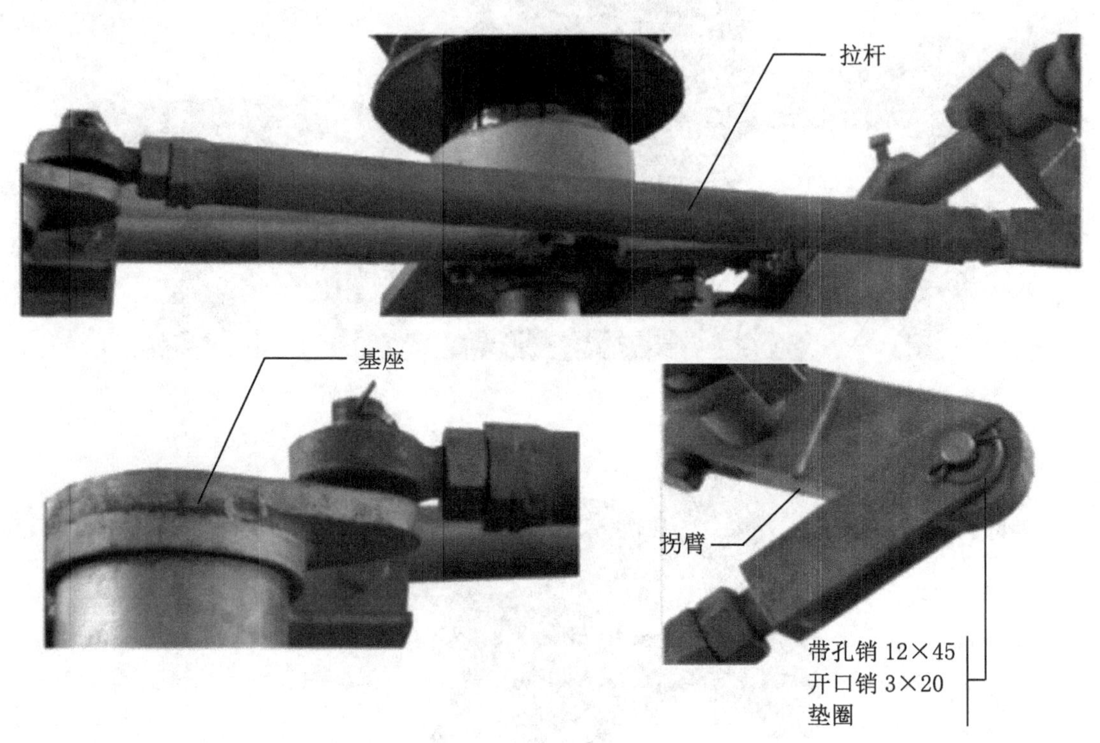

仔细观察一下哦，接地开关基座装在底架哪个部位？

____

____

软连接装配

1.接地闸刀的连接

将接地开关动触杆装在接地刀杠杆上，装成后统称为接地闸刀。

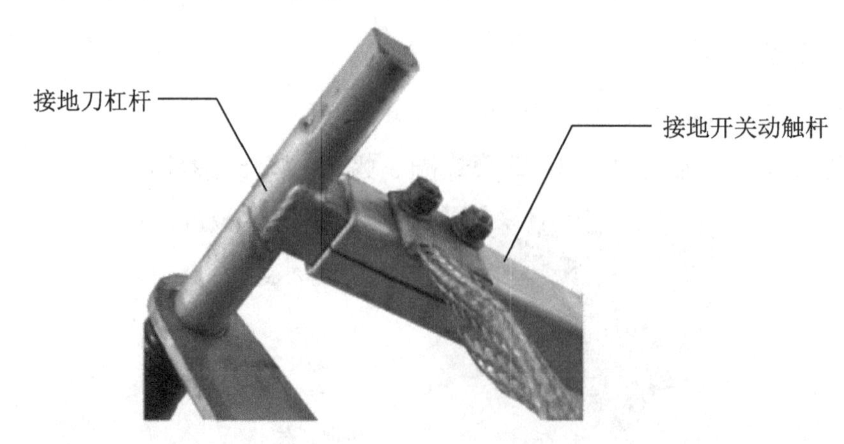

2. 软连接与接地闸刀的装配

用标准件螺栓、垫圈、弹垫、螺母把软连接和接地开关动触杆连接在一起，并进行固定。

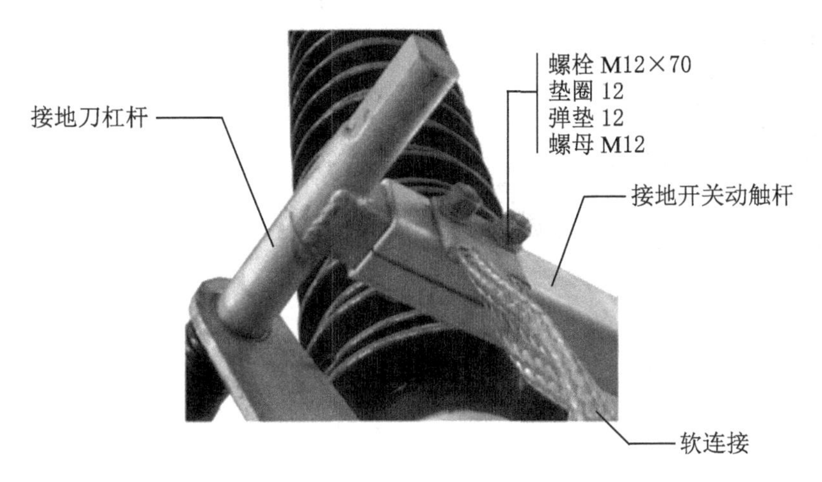

仅固定即可，调整时再将其紧固

软连接的作用是什么呢？

____

____

3. 软连接与底架的装配

软连接另一端用标准件垫圈、弹垫、螺母、螺栓紧固于底架上。

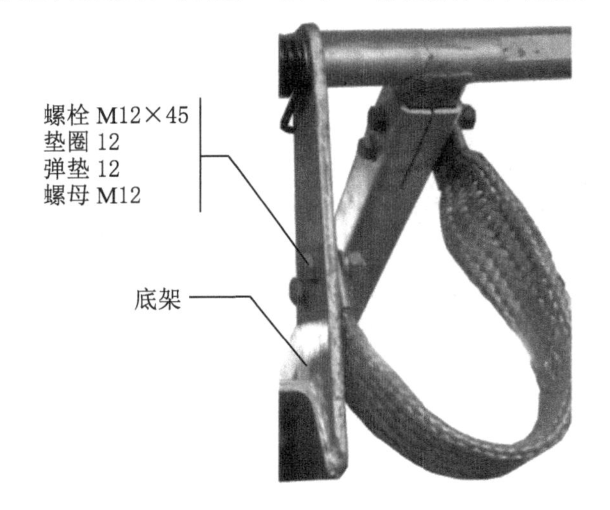

收尾工作

1. 接地螺栓的安装

把弹簧垫圈、螺母、接地螺栓紧固在底架接地孔上。

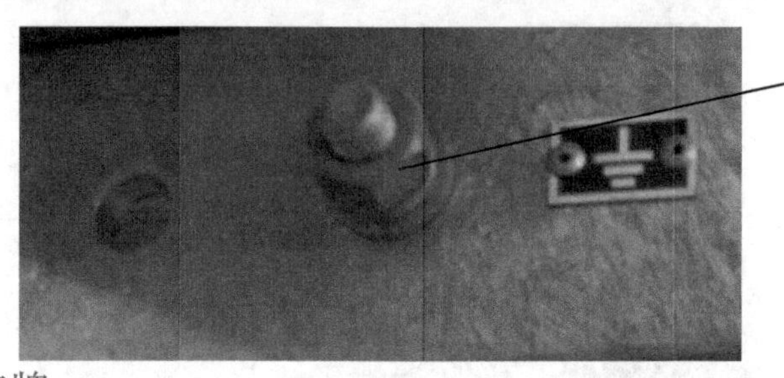

2. 安装铭牌

把产品铭牌用不锈钢抽芯铆钉铆接在底架上，同时把接地标牌用不锈钢抽芯铆钉铆接在底架上。

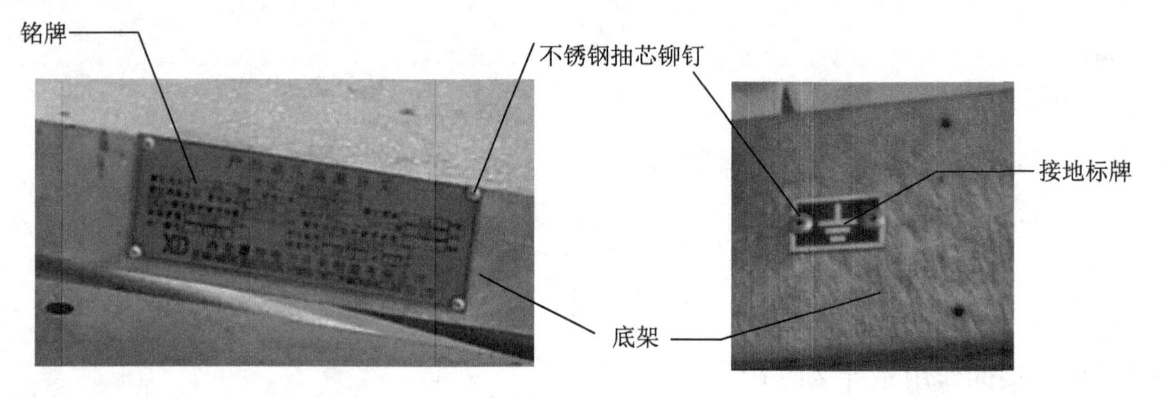

调整阶段

初调拉杆，使主刀分合满足90°，轴承座均转动灵活，地刀分合自如，分闸时扭簧受扭，合闸时扭簧释放。

完工了，快来看看我们的成果吧！

装配检查

你装配的符合要求吗？让我们检查一下吧！

根据检查项目及要求进行装配工艺的检查，见下表。

检查项目	基本要求	检查记录
轴承座	检查轴承座转动角度为90°，旋转灵活，无卡涩	
紧固件	1. 检查所有螺栓、螺钉全部紧固到位，符合力矩值要求；开口销齐全 2. 使用时紧固件螺钉应有防松措施，当螺母拧紧后应露出螺母2～5扣	
合闸	主刀中间触指与圆柱形触头上下方向对称接触，间隙误差不大于5 mm。	
	主刀合闸后，主刀中间触指与圆柱形触头合闸间隙为10～20 mm。	
	主刀合闸位置时，主触头用0.05×10 mm的塞尺检查应不能塞入。	

项目总结

任务结束了！想想你学到了什么？

想想隔离开关有哪些优点？

____

____

______________________________。

我有哪些收获？

____

____

______________________________。

装配时用到了哪些工具？

____

____

____。

我和组员之间的合作愉快吗？沟通有效吗？

____

____

____。

附录一：

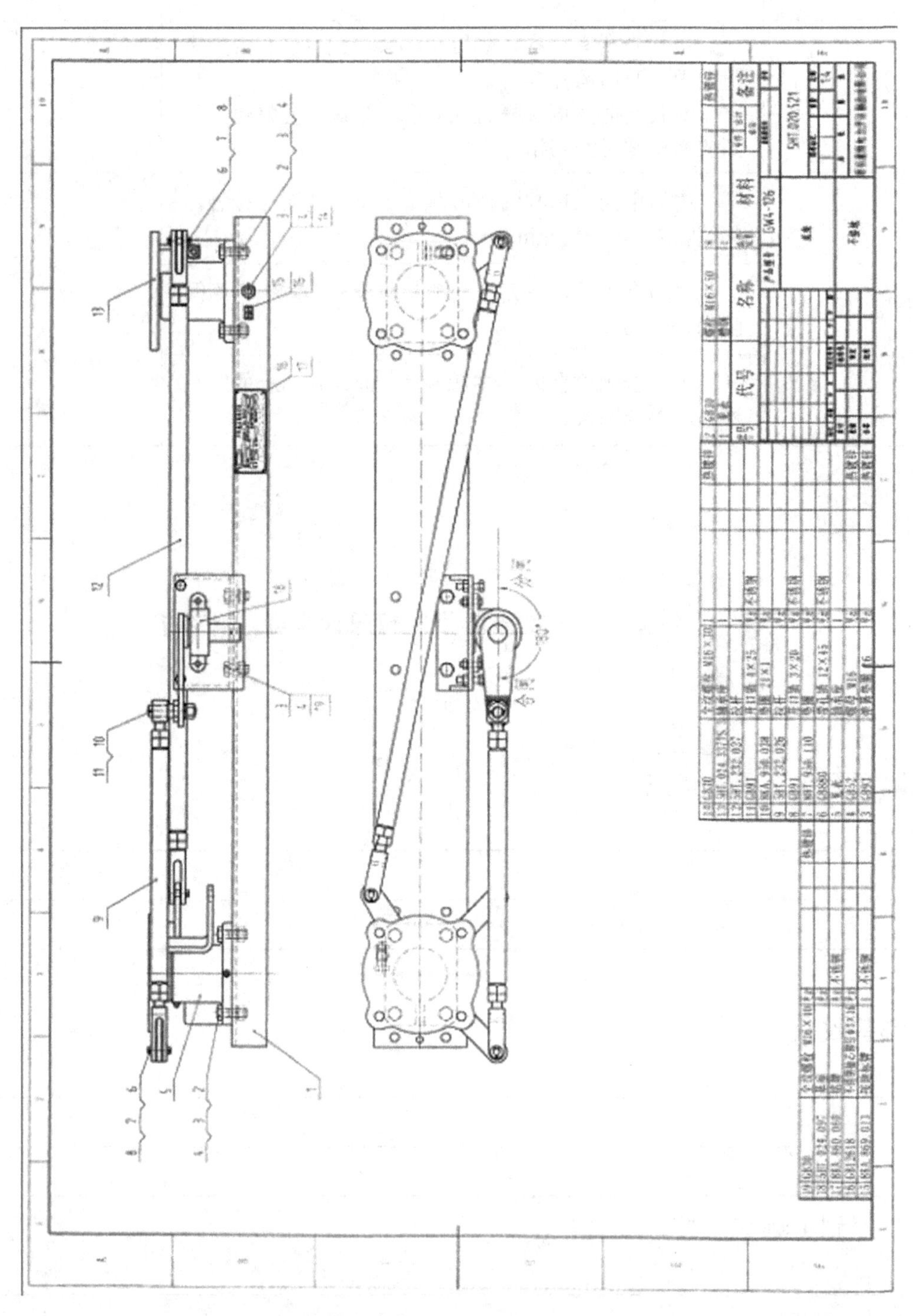

项目二 GW4-126DW隔离开关导电部分装配

有任务啦！

西安某电器制造有限公司接到一批隔离开关订单，型号为GW4-126DW，现在要进行导电部分的装配，时间两天，主要是进行动静触头、出线座、软连接等部分的装配。

生产任务分配单

XX电器制造有限公司　　　　　　派工日期：XX年X月X日

工作号	工艺编号	图号	名称		计划量	材料规格	下料尺寸
XX123456	GW4-126IIDW/1250	双接地			一组	瓷瓶高度H=1190 mm抗弯6 kN爬电比距25 mm/kV散包	
工序	单件/准备	总工时	合格	回用	废品	检查员	操作者
导电装配	12H×1+13H×1+5H×2	2天					

完工日期：XX年X月X日　　　　生产部长：XXX　　　　计划员：XXX

有了生产任务，你知道我们进行的装配分别位于设备的什么部位吗？

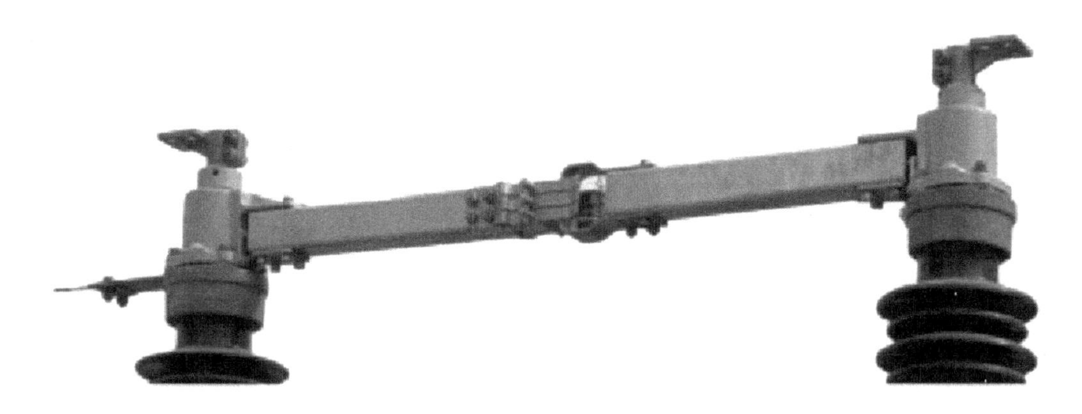

知识链接

1. 触头的基本知识：

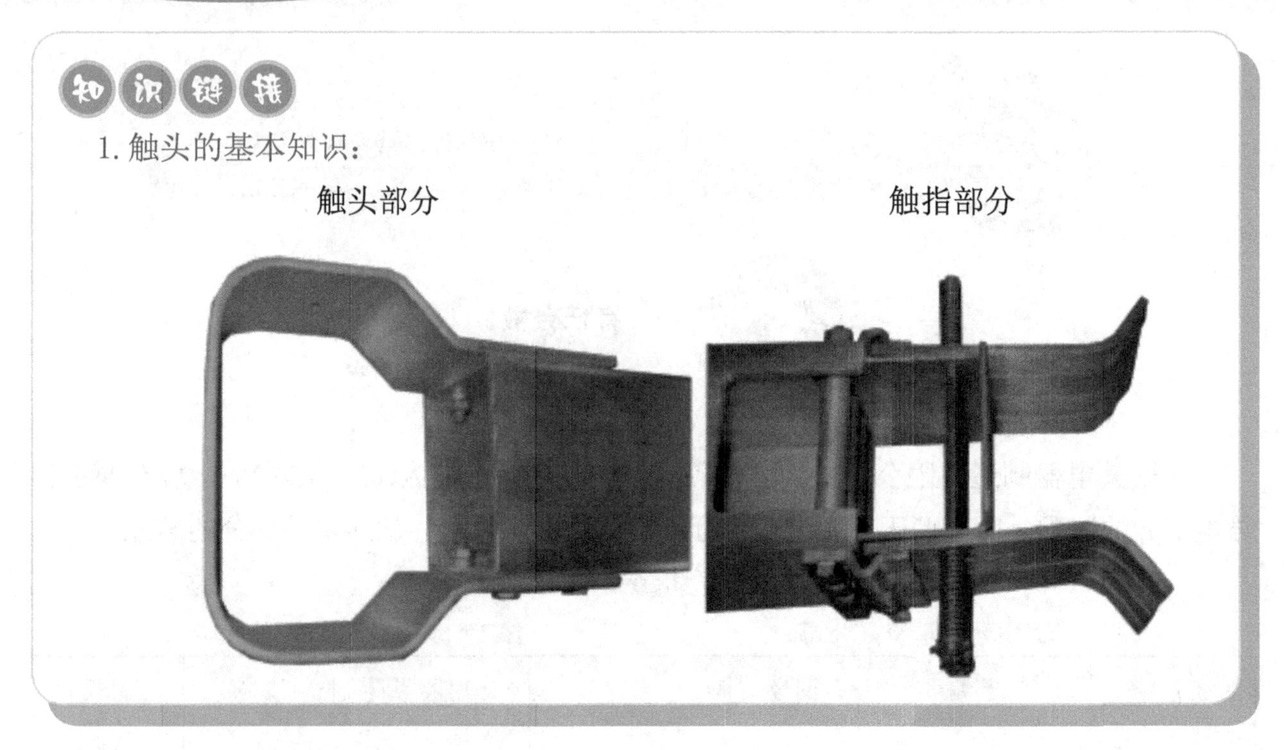

隔离开关的触头一般都暴露在大气中，接触表面易受氧化和积集污垢，尤其是户外产品，还受冰雪、风力和导线拉力等的影响，因此触头应满足一定的技术要求。

你知道隔离开关触头是由什么材料构成的么？有何要求吗？

____

____

____

____

温馨提示

可参阅《电力系统及设备》课程隔离开关相关内容

2.导电活动关节结构基础知识

作为中央开断的双柱式隔离开关，其出线座是一个常见的导电活动关节，它使接线端与导电闸刀之间既能相对自由转动，又能可靠通过电流。其中作为电的过渡元件，常采用导电带或导电触指。

（1）导电带

它用多层紫铜薄片或编织线制成，导电率高，抗疲劳能力强。其长度和卷曲形状，要根据出线座的整体结构、软连接的分合方向来确定并进行装配。

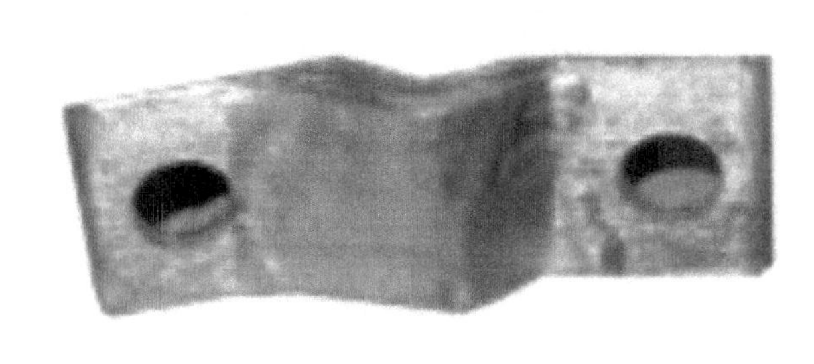

（2）导电触指

主要有滑动式和滚动式两类，采用导电触指，可以使结构紧凑，但接触点需设法保持清洁，尤其是滚动触指，应将其可靠密封。

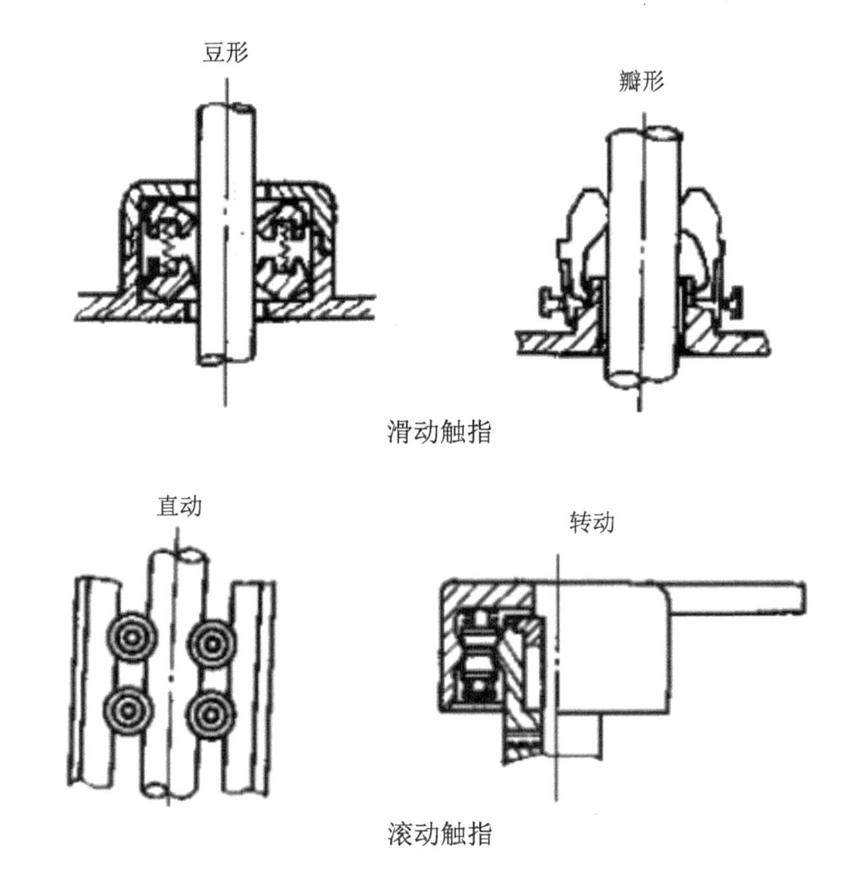

滑动触指

滚动触指

（3）常用出线座的结构及其特点：

结构：

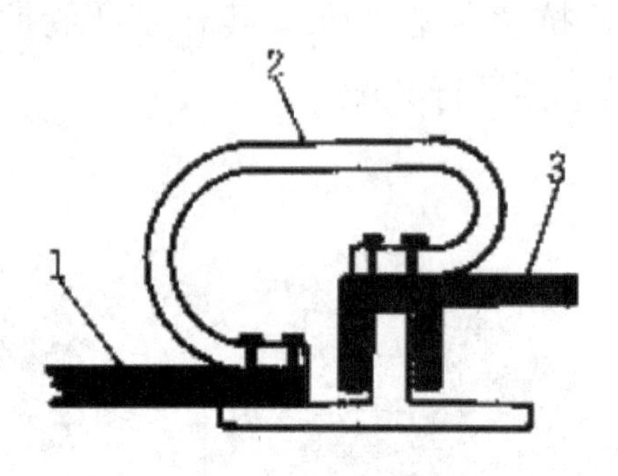

A.导电带敞露式

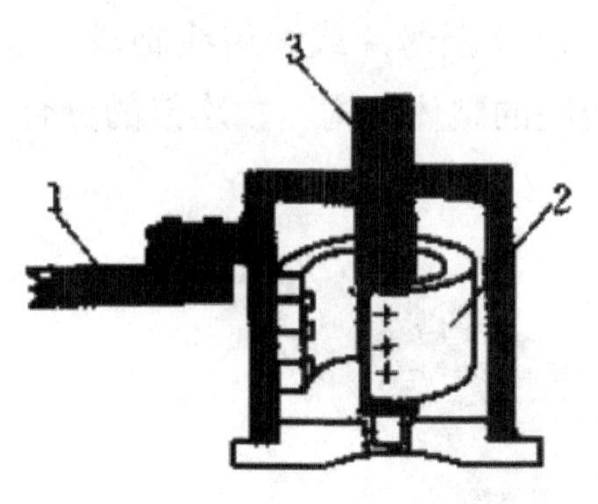

B.导电带罩封式

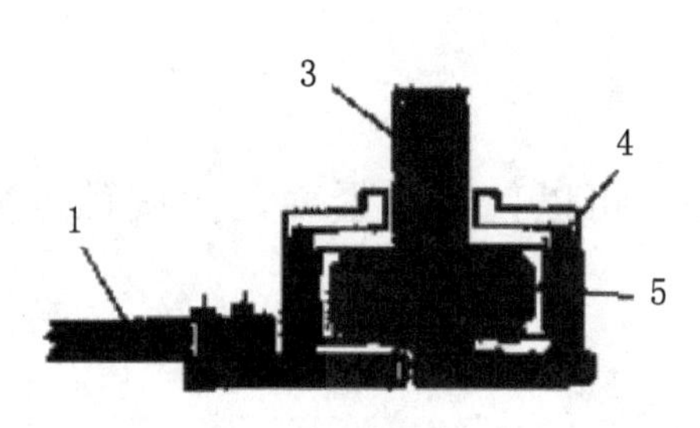

C.滑动连接式

D.滚动连接式

1—导电闸刀；2—导电带；3—出线端；4—Z形触头；5—触头弹簧；6—滚轮状触头

特点：A. 结构简单，无活动接触点，导电带易受损，体积大。

B. 无活动接触点，导电不易受损，体积大。

C. 体积小，触头的自清洗能力强但扭转阻力矩也随之增大。

D. 体积小，转动灵活，但触头自清洗能力较差，密封性要求严。

今天，我们要干什么？

我们要进行一项隔离开关导电部分的装配实践，你能行吗？

装配之前，我们要首先了解一下装配所涉及到的主要零件。

触头

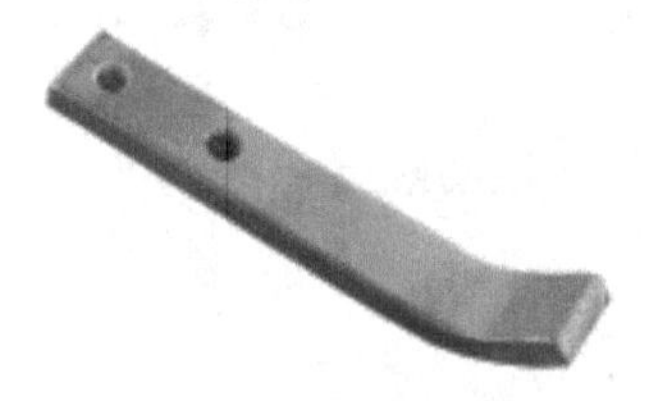
触指

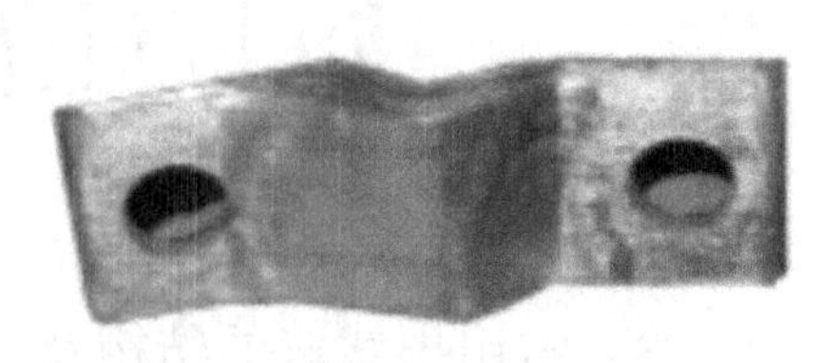
软连接A

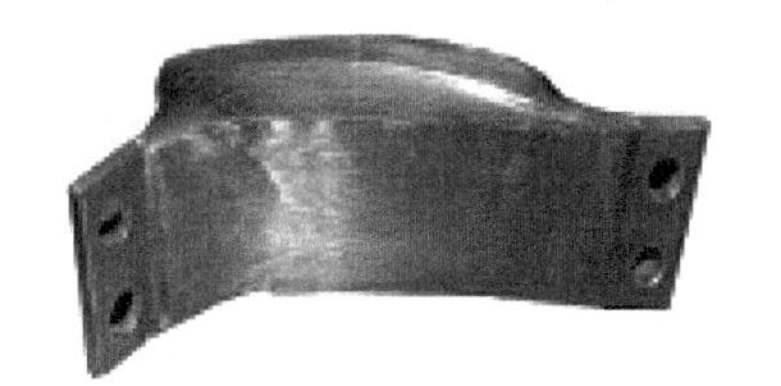
软连接B

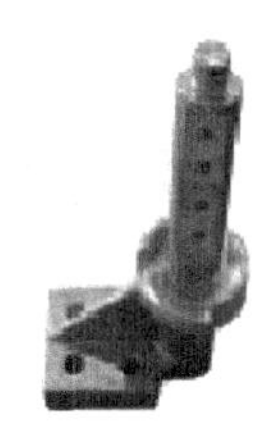
导电杆A

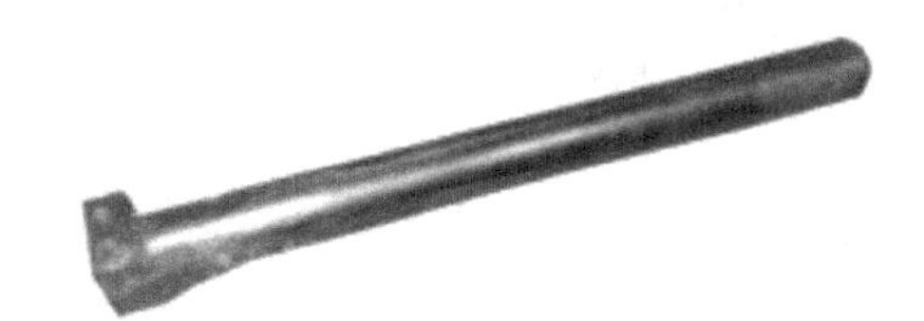
导电杆B

出线座

弯板

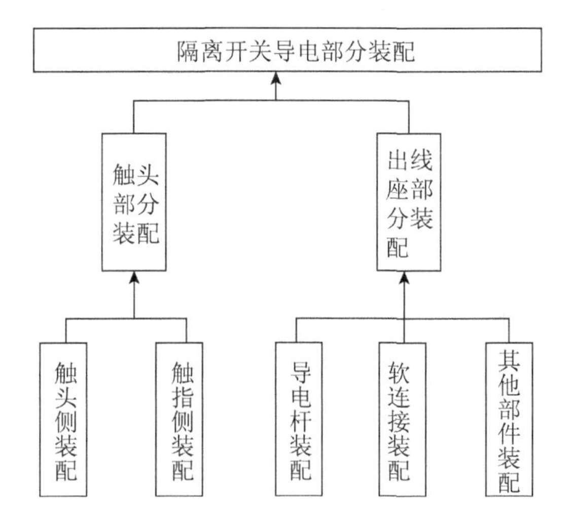

GW4-126DW隔离开关导电部分装配流程图

你了解了多少呢？让我来考考你！

1.GW4-126DW隔离开关导电部分由____________和____________部分组成？

2.触头侧和触指侧如何区分？

____

制定装配方案

1. 在教师的引导下进行分组。
2. 各小组根据下表制定装配方案。

你能和组员协作完成一个隔离开关导电部分的装配吗？让我们来制定一个装配方案吧！

表5　GW4–126DW隔离开关导电部分装配方案

<table>
<tr><th colspan="5">GW4-126DW隔离开关导电部分装配方案</th></tr>
<tr><td colspan="3">小组名称：</td><td colspan="2">小组负责人：</td></tr>
<tr><td colspan="5">小组成员：</td></tr>
<tr><td colspan="5">装配流程：触头装配、出线座装配 → 触头与出线座装配 → 隔离开关导电部分装配完成</td></tr>
<tr><td colspan="2">内容</td><td>时间</td><td>人员</td><td>备注</td></tr>
<tr><td colspan="2">领料及准备</td><td></td><td></td><td></td></tr>
<tr><td colspan="2">工具选择</td><td></td><td></td><td></td></tr>
<tr><td rowspan="2">触头装配</td><td>触头侧装配</td><td rowspan="2"></td><td rowspan="2"></td><td rowspan="2"></td></tr>
<tr><td>触指侧装配</td></tr>
<tr><td rowspan="2">出线座装配</td><td>出线座与导电杆装配</td><td rowspan="2"></td><td rowspan="2"></td><td rowspan="2"></td></tr>
<tr><td>软连接及其他零部件装配</td></tr>
<tr><td rowspan="2">触头与出线座装配</td><td>支持件与出线座装配</td><td rowspan="2"></td><td rowspan="2"></td><td rowspan="2"></td></tr>
<tr><td>触头与支持件装配</td></tr>
<tr><td>装配工艺检查</td><td>根据工艺检查表进行装配工艺检查</td><td></td><td></td><td></td></tr>
<tr><td rowspan="2">交付现场清理</td><td>移交下一道工序</td><td rowspan="2"></td><td rowspan="2"></td><td rowspan="2"></td></tr>
<tr><td>整理工具、打扫卫生</td></tr>
</table>

3.以小组为单位汇报装配方案的思路。

4.经教师点评和小组讨论后确定最佳装配方案。

方案制定好了，那么让我们开始吧！

工前准备

表6　工前准备

准备项目	检查结果
安全措施	安全帽□、工作服□、工作鞋□、工作手套□
文件资料	国家标准□、装配作业指导书□、工艺守则□、特殊要求□

领料及检查

1）零部件领取及检查：根据下表领取零部件，并根据领料单填写正确的数量和检查结果。

序号	名称	数量	检查结果	备注
1	导电杆	1	规格□、外观□、光洁度□	
2	弯板		规格□、外观□、光洁度□	
3	带孔销		规格□、外观□、光洁度□	
4	弹簧		规格□、外观□、光洁度□	
5	软连接A		规格□、外观□、光洁度□	
6	触指		规格□、外观□、光洁度□	
7	触头		规格□、外观□、光洁度□	
8	出线座		规格□、外观□、光洁度□	
9	铜套		规格□、外观□、光洁度□	
10	导电杆		规格□、外观□、光洁度□	
11	软连接B		规格□、外观□、光洁度□	
12	压板		规格□、外观□、光洁度□	
13	垫圈		规格□、外观□、光洁度□	
14	支持件		规格□、外观□、光洁度□	

2）辅料准备：根据下表准备辅料，并填写正确的用量。

序号	名称	数量	备注
1	本顿润滑脂(硅脂)	15 g	

（续表）

序号	名称	数量	备注
2	酒精		
3	杜邦擦拭纸		
4	百洁布		
5	一次性塑料手套		

3）工位器具选择：选择正确的工位器具，填入下表。

序号	名称	数量	备注
1			
2			
3			
4			
5			

触头装配

1. 触头侧装配

将触头用连接螺栓安装于导电杆上。

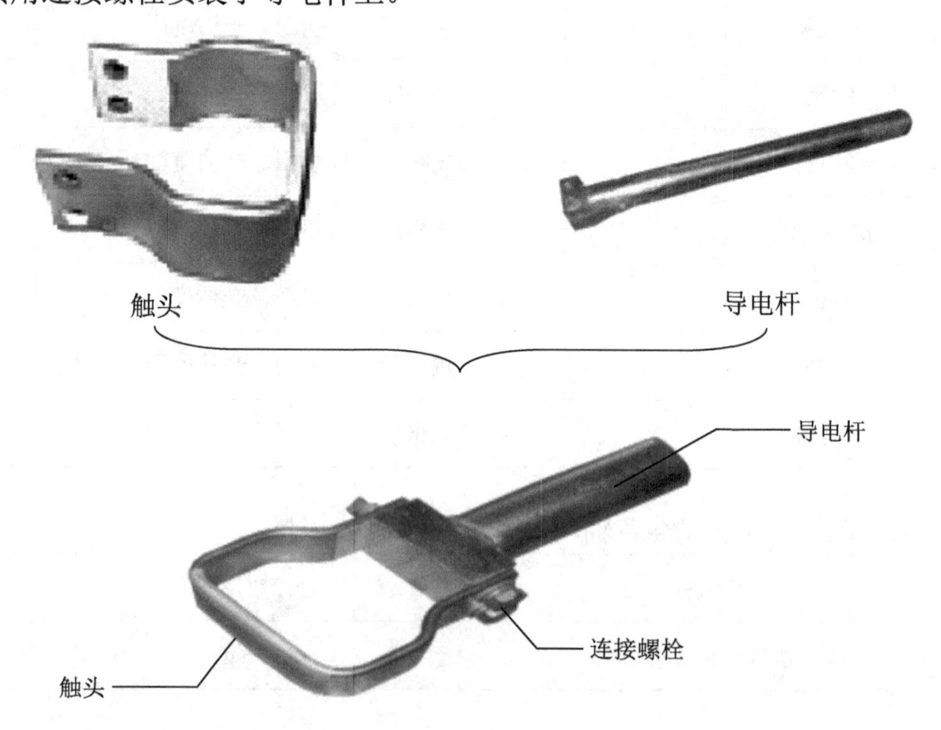

想一想：触头的材料应该是用铜材料制作的，为什么会有白色的部分，有什么作用呢？

____

____

2.触指侧装配

1）将导电杆和弯板用螺栓连接在一起，并紧固。

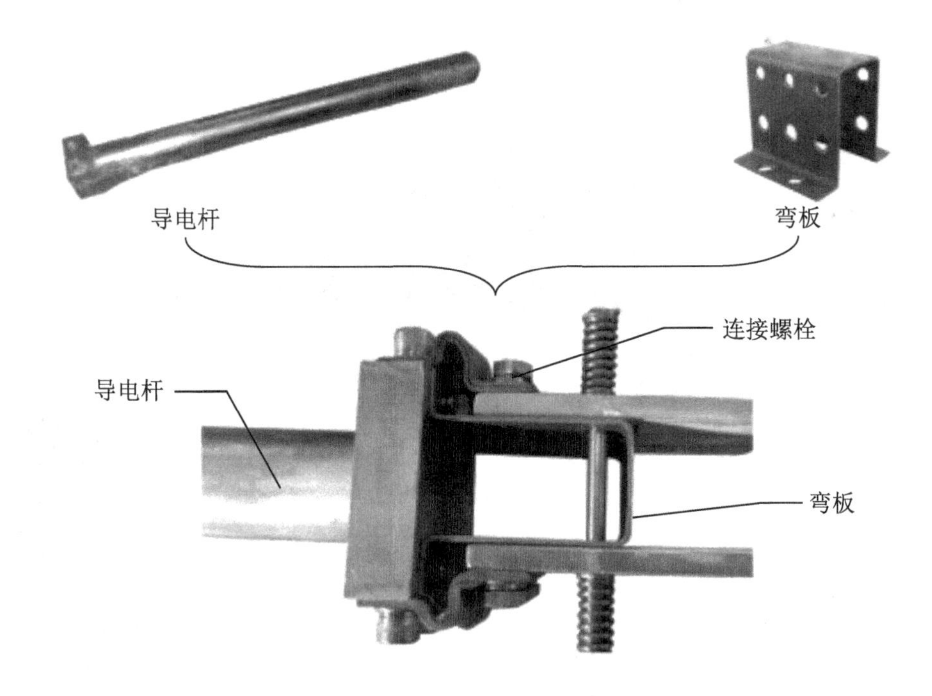

2）在带孔销一端装入开口销、垫圈、弹簧

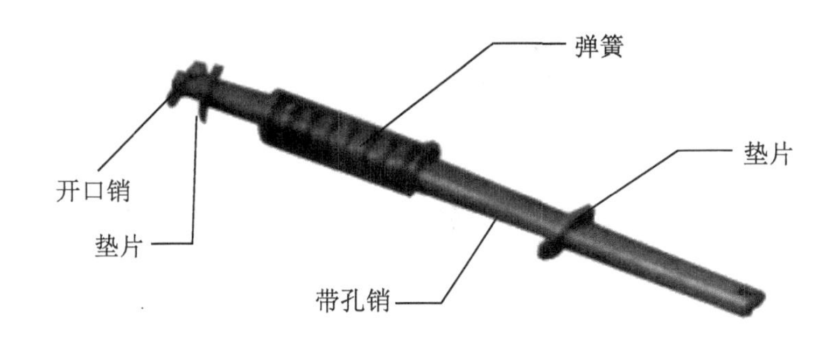

3）选配一致的触指片，将长度一致的触指片和软连接安装在同一触头上。压簧时使用专用工具。

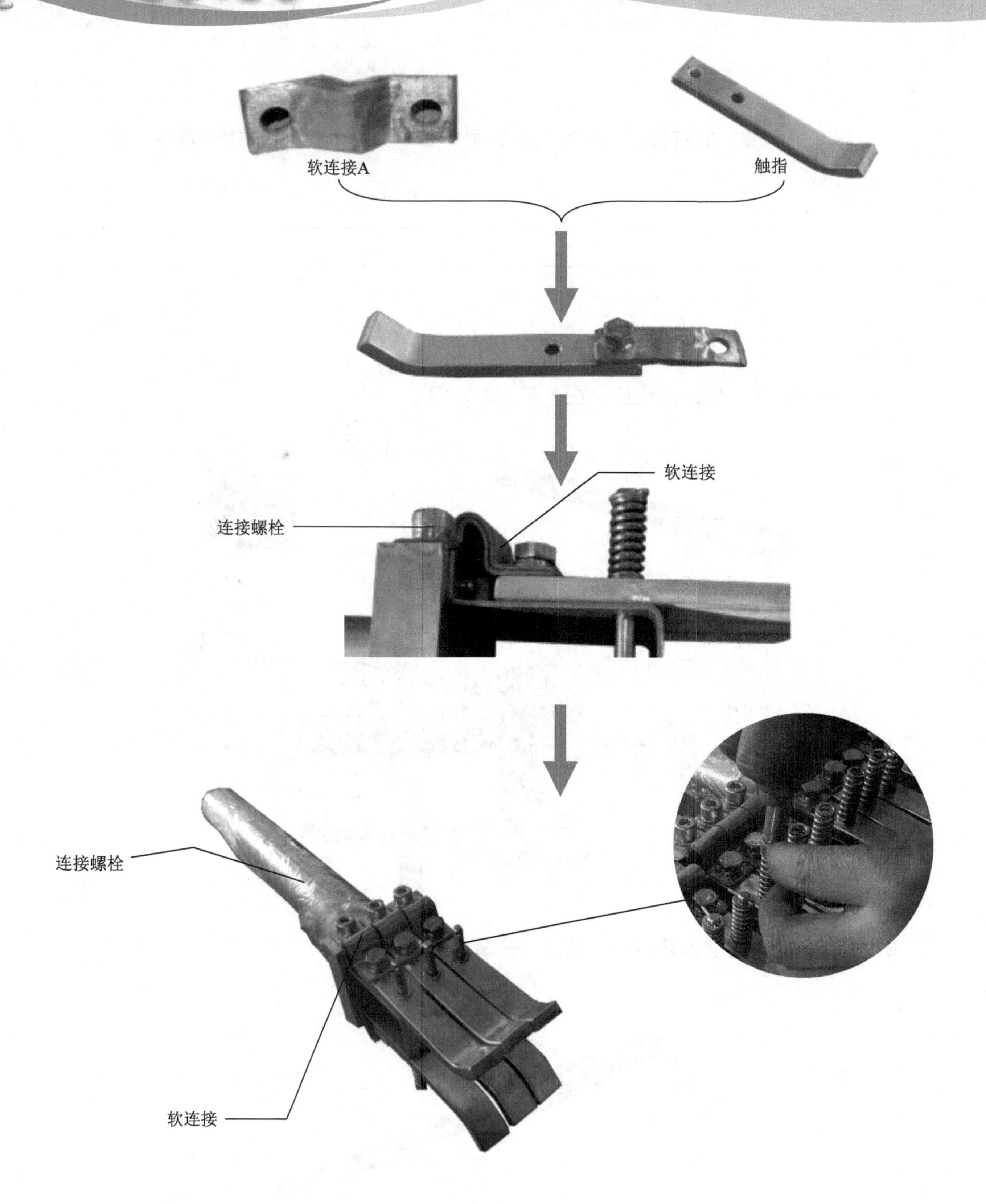
软连接A
触指
软连接
连接螺栓
连接螺栓
软连接

1. 现在你能分辨出哪端是触头侧，哪端是触指侧了吗？

____

____

2. 触头在分合过程中会进行接触，那么这种接触属于哪种类型呢？

____

____

轻松一下

脑筋急转弯：为什么小狗过了木桥之后就不叫了？

答：过木不汪（过目不忘）。

你也许想知道，为什么使用压簧固定？这样做有什么原因吗？

让我来告诉你吧！

1. 使用压簧固定，可以使触头接触面形成压力，达到减小接触电阻的目的。

2. 在隔离开关使用过程中，触头会由于长期使用而在接触表面形成氧化层。当触头接触表面形成一定接触力后，在每次分合闸时都能够利用摩擦力将触头表面的氧化层摩擦掉，我们称为自洁性。

出线座装配

注意软连接的种类与数量。

1. 出线座与导电杆装配

1）将铜套安装在出线座端孔内。

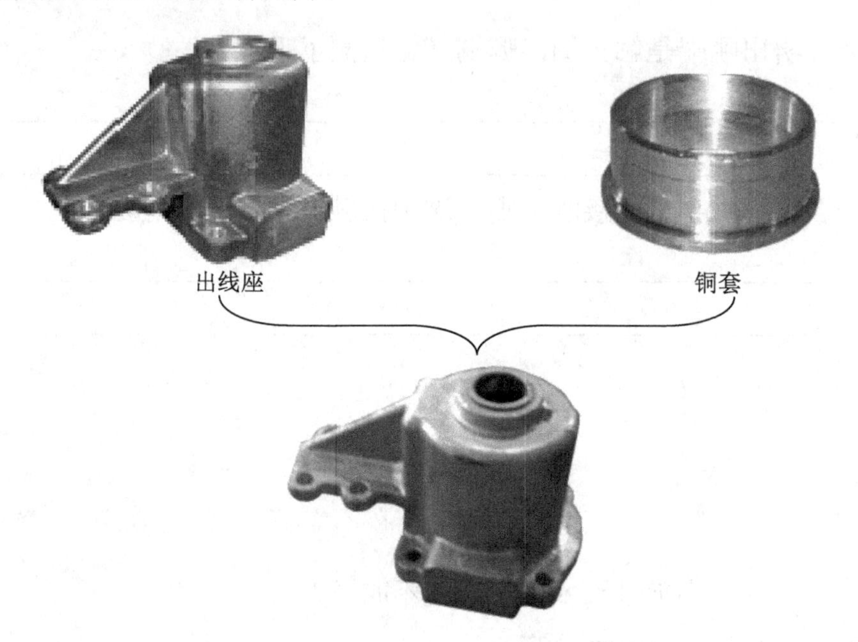

铜套的作用是什么？使用什么工具进行装配呢？

____

____

2 将导电杆从上端孔穿入出线座，注意按照图示方向，倒转安装便于之后进行软连接的装配。

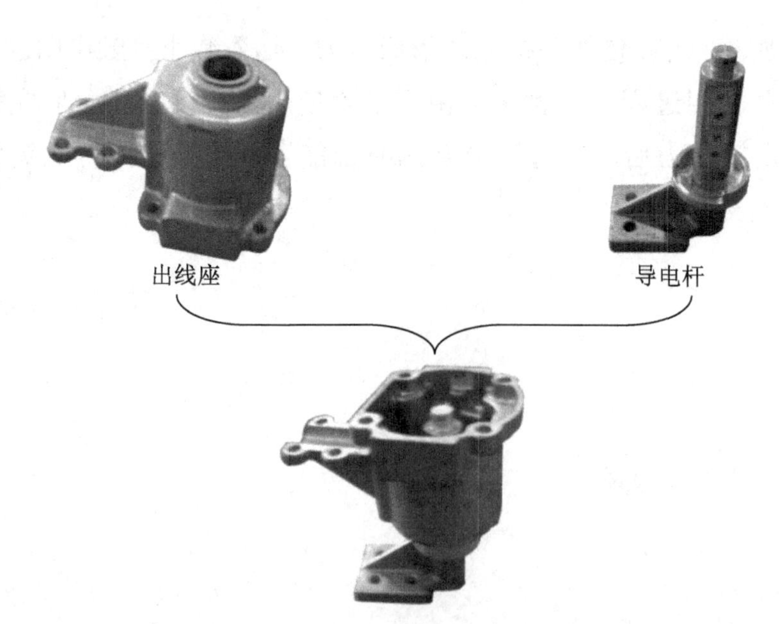

⚠ 注意：

由于触头旋转的方向不同，因此出线座也要注意不同旋转方向时，导电杆的装配位置。

2. 软连接及其他零部件装配

1）将软连接用螺栓一端紧固至导电杆上，一端紧固至出线座上，由从内到外的顺序一层一层安装。用木榔头敲击软连接使其紧贴导电杆。

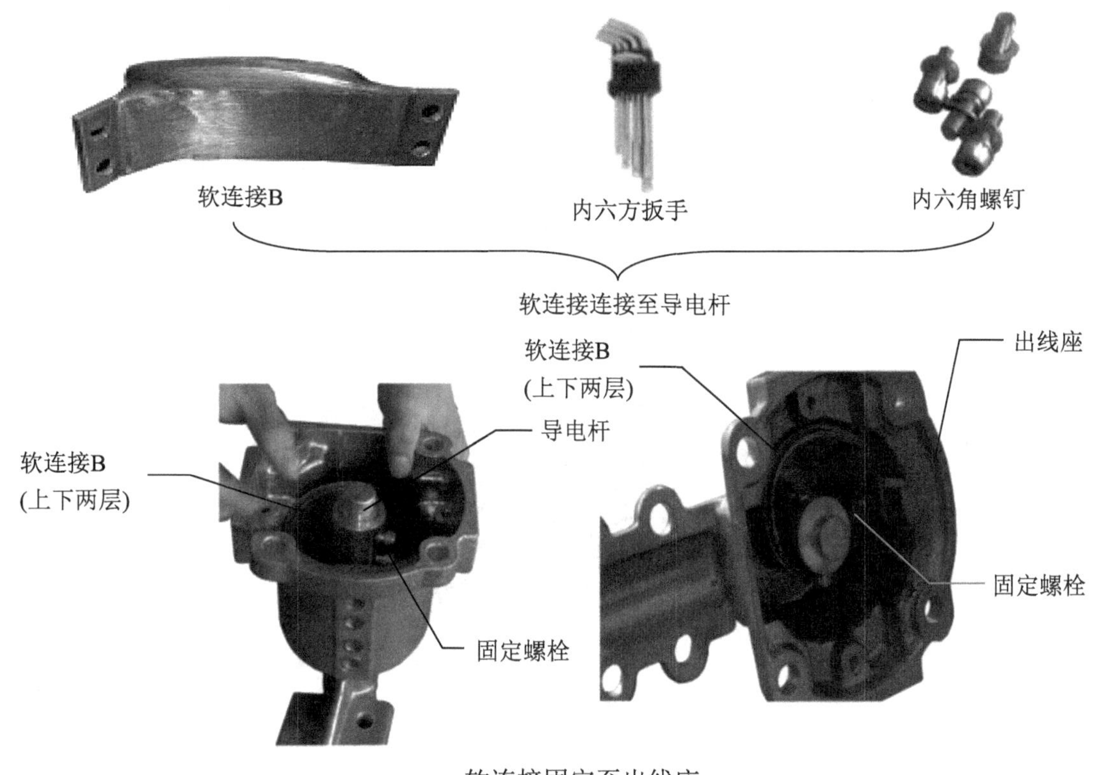

软连接固定至出线座

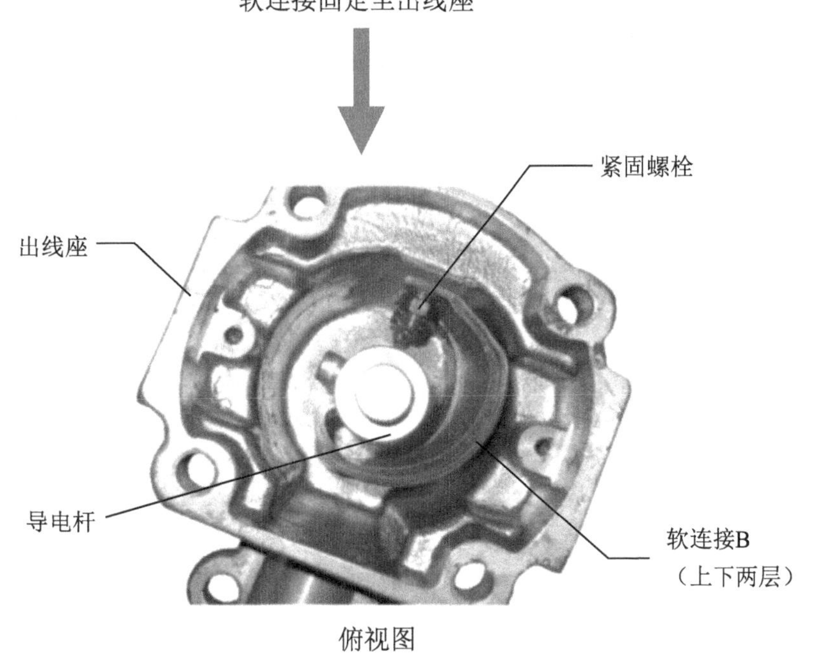

俯视图

⚠注意：

软连接的旋转方向与通过电流大小和触头类型有关。具体见下表。

软连接旋转方向（由开口侧俯视）	备注
逆时针方向	630A 触头侧
顺时针方向	630A 触指侧
逆时针方向	1250A 触头侧
顺时针方向	1250A 触指侧

2）出线座上固定螺栓可先用手预紧，之后用电动扳手紧固

想一想：

出线座内部的内六角螺钉使用了什么工具进行紧固外部螺栓？电动扳手使用多大力矩？

____

____

3）安装压板和挡圈等其他零部件，并使用螺栓紧固。

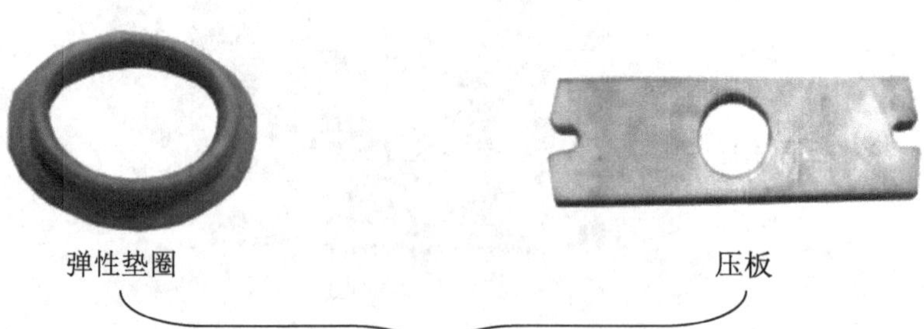

4）加装垫圈并使用开口销进行固定使得导电杆不会上下串动。

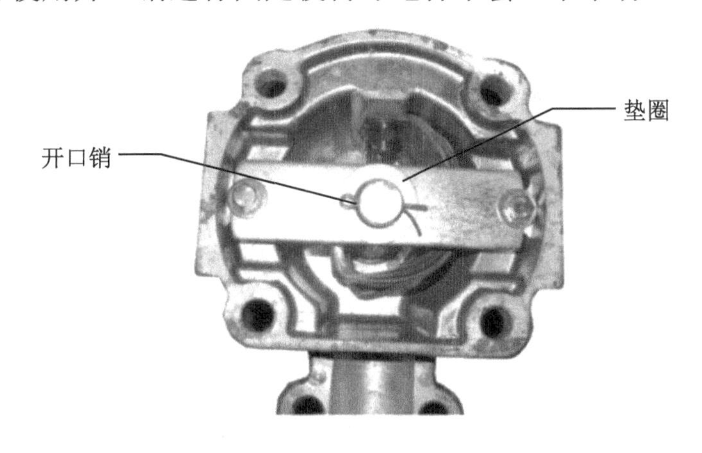

温馨提示

销连接知识课参阅《机械基础》中相关章节内容。

触头与出线座装配

1）在触指侧用螺栓把支持件和触头与刚装成的出线座用电动扳手紧固

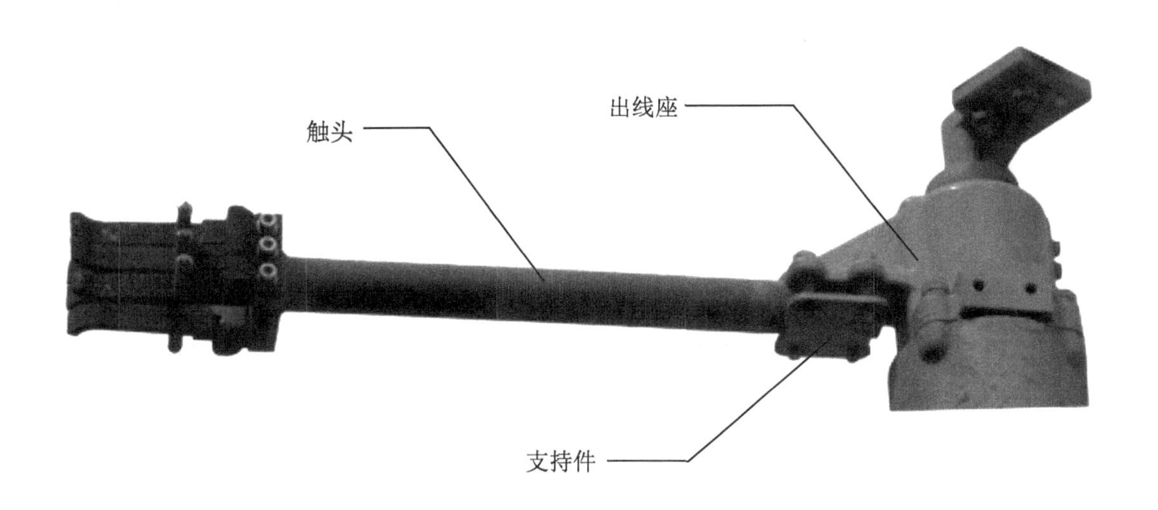

温馨提示

在紧固过程中，注意触头孔和支持件基面的垂直度和紧固力矩值。可使用垫片进行调节，但一般最多不超过3片。

亲爱的同学，请你思考一下如何检查垂直度呢？

____

____

____

____

2）触头侧用螺母和垫圈把触头和支持件再次紧固，装成后出线座应转动灵活，且可以转动满足90°的要求。

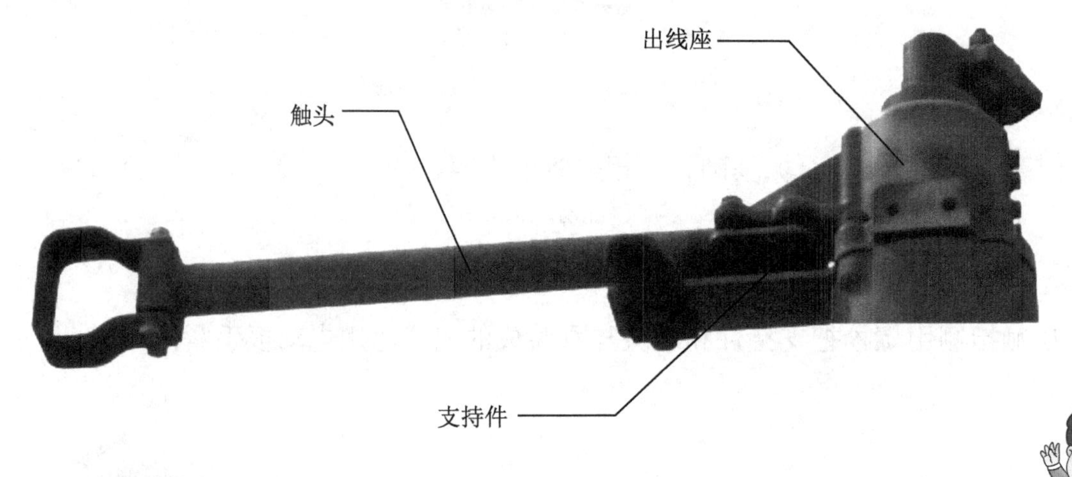

终于装配完成了，这其中遇到了什么问题了吗？怎么解决的？

写下来吧！

____

____

____

____。

装配检查

你的装配符合要求吗？让我们检查一下吧！

根据检查项目及要求进行装配工艺的检查，见下表。

检查项目	基本要求	检查记录
轴承座	检查接线座转动角度为90°，旋转灵活，无卡涩	
触指	检查触指弹簧有无弹性，装配后触指排列整齐	
紧固件	检查所有螺栓、螺钉紧固完整；开口销齐全。紧固件螺钉应有防松措施，当螺母拧紧后应露出螺母2～5扣	
合闸	主刀中间触指与圆柱形触头对称接触，上下误差5 mm	
	主刀合闸后，主刀中间触指与圆柱形触头底部间隙为3～8 mm	
	主刀合闸位置时，主触头用0.05×10 mm的塞尺检查应塞不进去	
出线座装配	1.安装时注意软连接的安装顺次和旋转方向（具体见软连接知识链接） 2.出线座转动角度为90°，旋转灵活，无卡涩 3.用木榔头敲击软连接使其紧贴导电杆 4.安装完垫圈及压板后使得导电杆不上下串动	
触头装配	1. 根据工单选择长度一致的触片，并将其装在同一触头上 2. 触片平整、长短一致，弹簧复位正常，无卡滞 3. 装配触头和触指结构时应注意不要破坏触头镀银等表面的平整度	

项目总结

任务结束了，想想你学会了些什么？

想想隔离开关导电部分装配有哪些注意事项？

____

____

____。

我有哪些收获吗？

____

____

____。

你在进行装配时觉得最难的地方是哪里？原因是什么?解决了么?

____

____

____。

我和组员之间的合作愉快吗？沟通有效吗？

____

____

____。

西安XX电器制造有限公司接到一批隔离开关订单，型号为GW4-126DW，我们总装车间现在需要在2天内完成任务！

生产任务分配单

西安XX电器制造有限公司　　　　　　　　派工日期　　　年　　月　　日

工作号	工艺编号	图号	名称		计划量	材料规格	下料尺寸
HT1303107	GW4-126IIDW/1250	双接地			一组	瓷瓶高度 H=1190.2. 抗弯 6 kN；爬电比距 25 mm / kV；散包	
工序	单件/准备	总工时	合格	回用	废品	检查员	操作者
总装部分	12H×1+13H×1+5H×2	2天					

LET' S GO! 让我们一起进入到干净、整洁、敞亮的车间，这里将是我们的工作场地！ ARE YOU READY!

图1 某电气开关有限公司总装车间

你还记得GW4-126DW隔离开关 是什么样子？

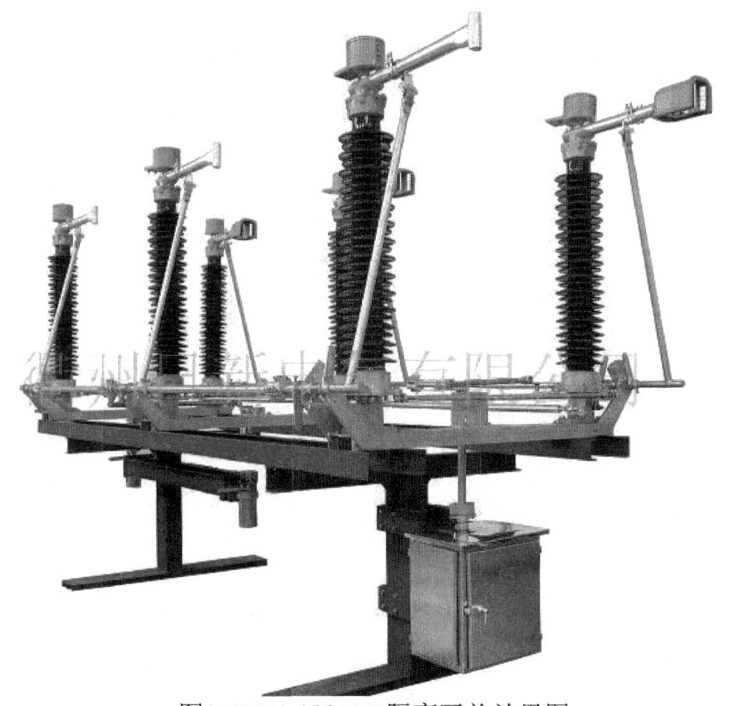

图2 GW4-126DW隔离开关效果图

你知道总装是指什么吗？

每组隔离开关由三个独立的单极组成，通过极间连接构成三极联动，每个单极由底座、支柱绝缘子、导电系统、接地开关及传动系统组成。

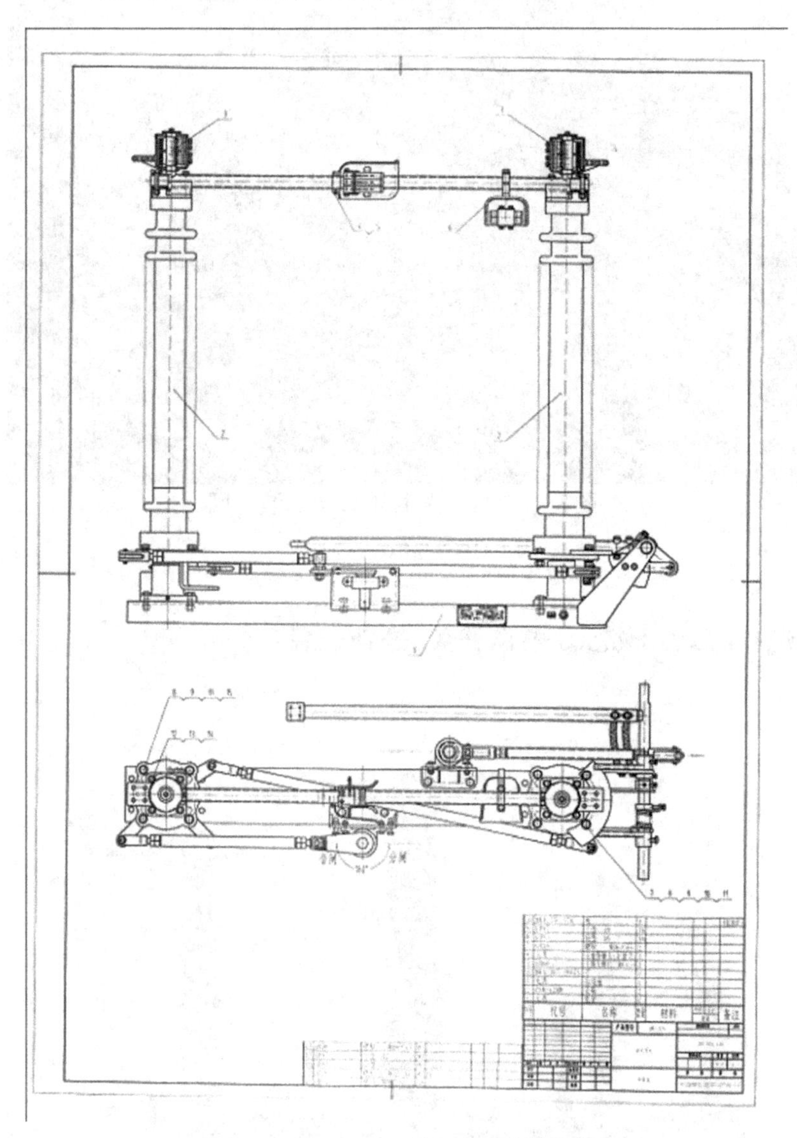

图3 GW4-126DW 隔离开关装配图

总装 即把零件和部件装配成最终产品的过程。

你了解GW4-126DW隔离开关总装涉及的部件吗？

我们一起来看看吧！

图4　GW4-126DW 隔离开关底座

底座的相关知识参阅项目一。

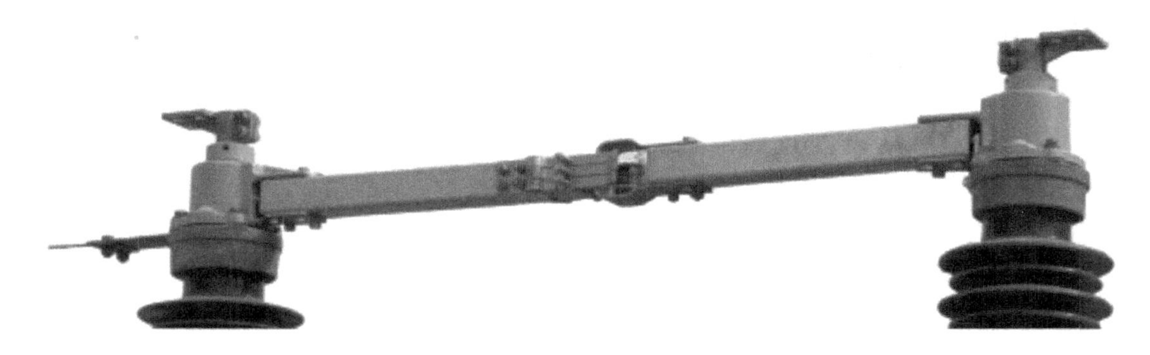

图5　GW4-126DW 隔离开关导电部分

温馨提示

导电部分的相关知识参阅项目二。

图6　GW4-126DW 隔离开关棒式支柱绝缘子

你知道什么叫棒式支柱绝缘子吗？

它是由实心的圆柱形或圆锥形绝缘件和两端的连接金具组成的支持绝缘子。

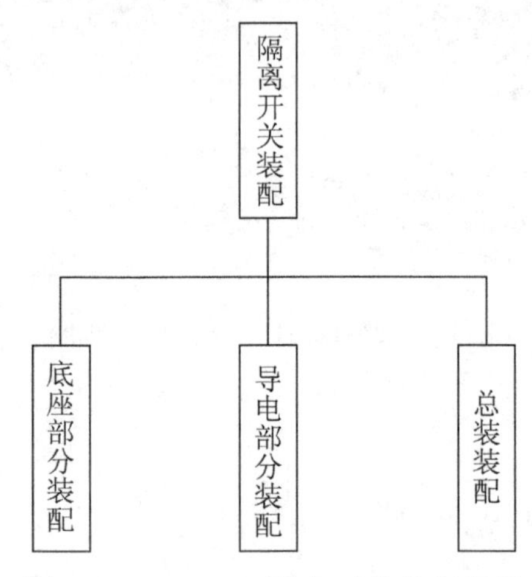

图7 GW4-126DW隔离开关装配流程

制定装配方案

对隔离开关总装你了解了吗？

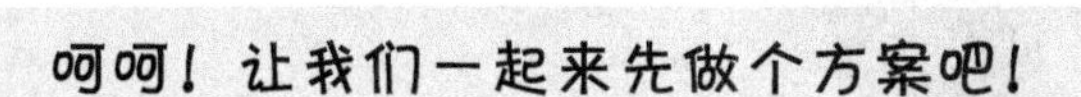

1. 在教师的引导下进行分组。
2. 各小组根据下表制定装配方案。

根据派工单的要求，现制定如表2所示的工作计划安排表。

表2　工作计划安排表

GW4-126DW隔离开关总装配项目实施计划					
序号	项目内容		工作时间	人员	备注
1	领料	根据元件清单领取装配部件			毛刺及平整度检查
2	工具准备	根据工具清单准备相应工具			
3	装配	根据装配作业指导书进行装配			
4	工艺检验	根据工艺要求进行装配后检验			

（续表）

序号	项目内容		工作时间	人员	备注
5	现场清理	整理剩余零部件			
		整理工具			
		打扫现场卫生			
6	产品移交	将产品交付检验处			

3. 以小组为单位汇报装配方案的思路。

4. 经教师点评和小组讨论后确定最佳装配方案。

装配实施

工前准备

表3　工前准备

准备项目	检查结果
安全措施	安全帽□、工作服□、工作鞋□、工作手套□
文件资料	标准文件□、装配作业指导书□、工艺守则□

装配过程

1.领料及准备

1）零部件领取及检查：根据下表领取零部件，并填写正确的数量和检查结果。

序号	名称	数量	检查结果	备注
1	垫		规格□、外观□、光洁度□	
2	U型环		规格□、外观□、光洁度□	
3	拉杆		规格□、外观□、光洁度□	
4	垂直拉杆		规格□、外观□、光洁度□	
5	螺栓M12×35		规格□、外观□、光洁度□	
6	弹簧垫圈12		规格□、外观□、光洁度□	
7	平垫 12		规格□、外观□、光洁度□	
8	螺栓M12×55		规格□、外观□、光洁度□	

（续表）

序号	名称	数量	检查结果	备注
9	螺栓M12×65		规格□、外观□、光洁度□	
10	螺栓M12×80		规格□、外观□、光洁度□	
11	螺母M12		规格□、外观□、光洁度□	

2）辅料准备：根据下表准备辅料，并填写正确的用量。

序号	名称	规格	用量	备注
1	标准件			
2	保鲜膜			
3	导电脂			

3）工位器具选择：选择正确的工位器具，填入下表。

序号	名称	规格	数量	备注
1				
2				
3				
5				
6				
7				
8				
9				

2. 棒式支柱绝缘子的安装

测量棒式支柱绝缘子高度，并记录在其上。（通过选配尽量使两个支柱的高度达到一致）

⚠ 注意：

测量方法及测量位置。

你知道为什么要使两个棒式支柱绝缘子高度一致？如果不一致又会带来哪些危害呢？

⚠ 答案提示：

保证导线之间的三相电动力平衡。

危害：____。

3. 底架排放

将底架排放在场地上。

⚠ 注意：

摆放整齐，每极中间留出一定的活动空间。

4. 装瓷瓶

将选配好的瓷瓶装在底架上，用标准件进行固定，地刀侧用螺栓把扇形板紧固在瓷瓶下法兰处。

⚠ 注意：

板的正反面。

主刀侧

地刀侧

为什么会在地刀侧安装扇形板？（查查资料吧）

____

____

____。

5. 装出线座

调整底架使其处于分闸状态，将出线座按照触指侧和触头侧的不同分别装在底架的两侧，用标准件紧固。

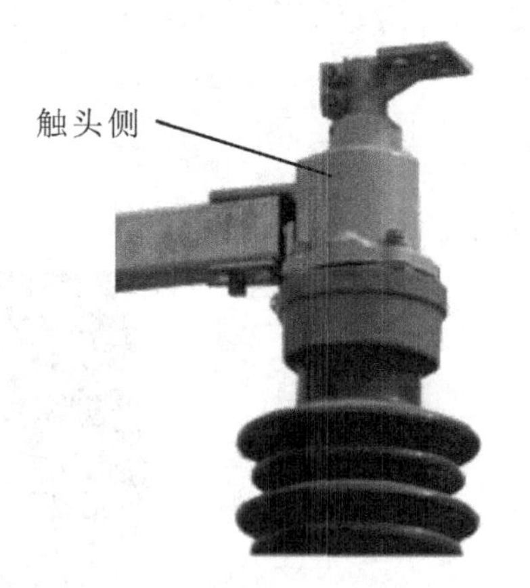

触指侧和触头侧的出线座有什么不同？为什么不同？

____

____

____。

6.安装触头和触指

触头装在触头侧的出线座上并固定好。

7.清理

触指、触头及导电接触部分清理干净。（涂导电脂、并包上保鲜膜防止氧化）

装配检查

你装配的符合要求吗？

让我们检查一下吧！

根据下表进行产品检查。

表5　生产成品检验单

合同号：HT1301079	工程名称：中压公司	产品型号：GW4-126DW/1250
装配调试人：		编号：

项目	检验内容及技术要求	检验结果
部件检查	1.油漆（一层底漆，两层面漆），热镀锌表面符合要求，厚度大于80 μm 2.零部件装配符合图纸要求 3.轴承安装到位	
底座安装检查	1.安装并调整底座，紧固螺钉，符合图纸要求 2.铭牌参数符合图样要求及订货要求	

（续表）

<table>
<tr><th>项目</th><th>检验内容及技术要求</th><th colspan="7">检验结果</th></tr>
<tr><td>瓷瓶安装检查</td><td>1.对瓷瓶进行选配，瓷瓶表面无污物，无损伤
2.瓷瓶安装调整找垂直
3.整体安装法兰补漆
4.瓷瓶高度，伞径，大小伞数，产地（瓷瓶代号）</td><td colspan="7">H=　　mm
D=　　mm
大伞数：　　小伞数：
爬距=　　mm
供货单位：HJ</td></tr>
<tr><td rowspan="6">导电安装检查</td><td rowspan="6">1.导电接触面无损伤，触片排列整齐。触头与触指接触面用0.05 mm塞尺测量，塞尺不能通过
2.每极分合闸到位，三极同期应小于10 mm
3.合闸间隙A小于或等于（10～20）mm
4.每极合闸时回路电阻R小于120 μΩ</td><td colspan="7"></td></tr>
<tr><td>编号</td><td>A1</td><td>A2</td><td>A3</td><td>R1</td><td>R2</td><td>R3</td></tr>
<tr><td>13001</td><td></td><td></td><td></td><td></td><td></td><td></td></tr>
<tr><td>13002</td><td></td><td></td><td></td><td></td><td></td><td></td></tr>
<tr><td>13003</td><td></td><td></td><td></td><td></td><td></td><td></td></tr>
<tr><td>13004</td><td></td><td></td><td></td><td></td><td></td><td></td></tr>
<tr><td>传动部分检查</td><td>1.传动部分转动灵活
2.主、地刀分合闸正确，到位。
3.配合部分按合同要求涂覆润滑脂</td><td colspan="7"></td></tr>
<tr><td>机构检查</td><td>1.手动操作无卡滞现象，分合闸正确到位
2.技术参数符合订货要求</td><td colspan="7"></td></tr>
<tr><td>包装检查</td><td>1.资料、备品、配件齐全
2.产品包装，唛头标记正确</td><td colspan="7"></td></tr>
<tr><td colspan="9">共封本体4箱</td></tr>
<tr><td colspan="9">检验员：　　　　年　　月　　日　　　　　　库房：　　　　年　　月　　日</td></tr>
</table>

项目总结

任务结束了，想想你学会了些什么？

想一想GW4-126DW隔离开关相比其他型号有哪些特点？

____

____

____

____

____。

装完之后我有哪些提升和不足呢？

____

____

____

____

____。

在完成GW4-126DW隔离开关总装后，我们获得了装配上的哪些经验呢？

____

____

____

____

____。

我和组员之间的合作愉快吗？我们的沟通交流顺畅吗？

____

____

____

____

____。

附录

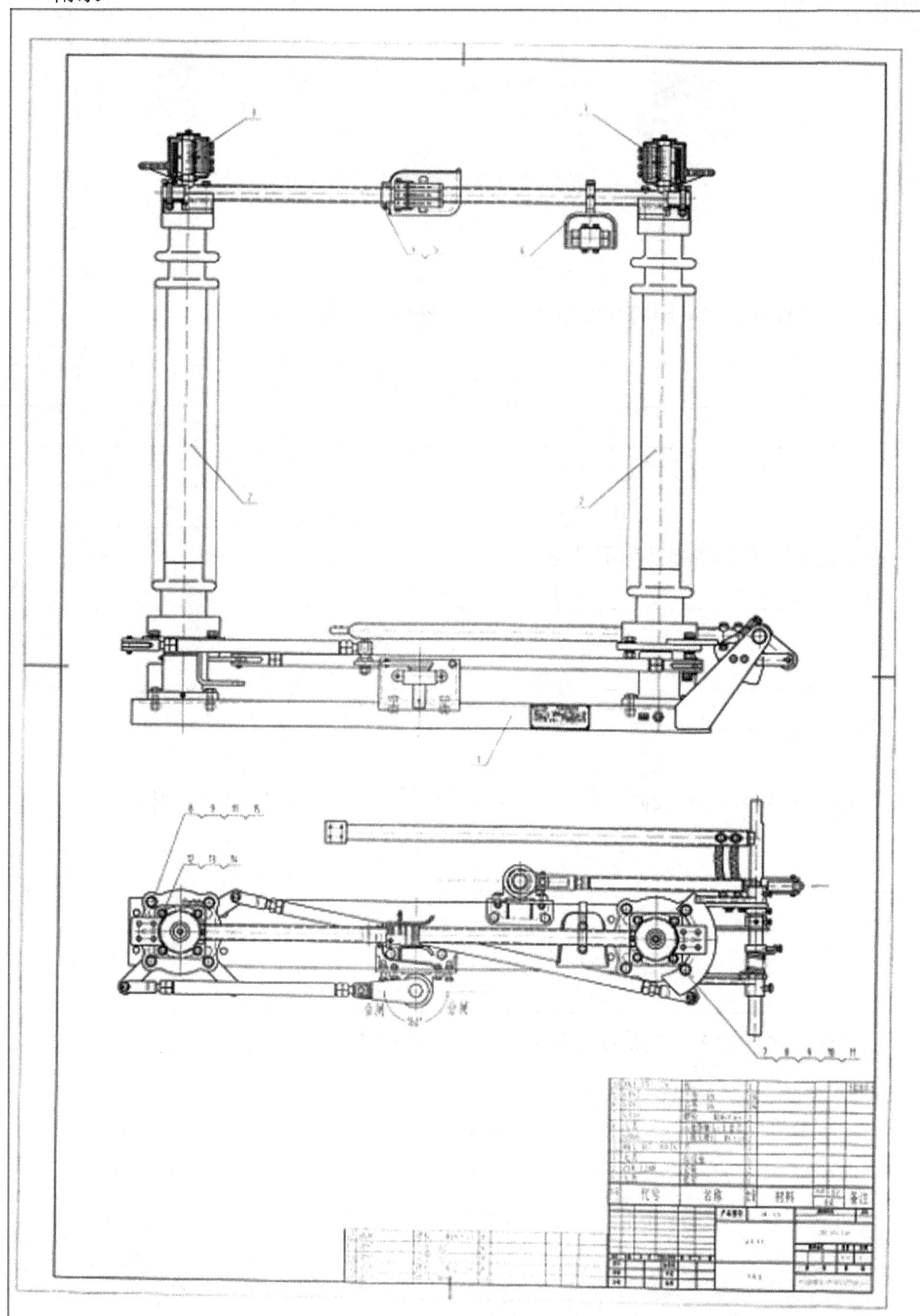

高压断路器装配与调试

你还记得高压断路器吗？猜猜下面的电气设备哪些是高压断路器？请在断路器下方打√，不是的打×。

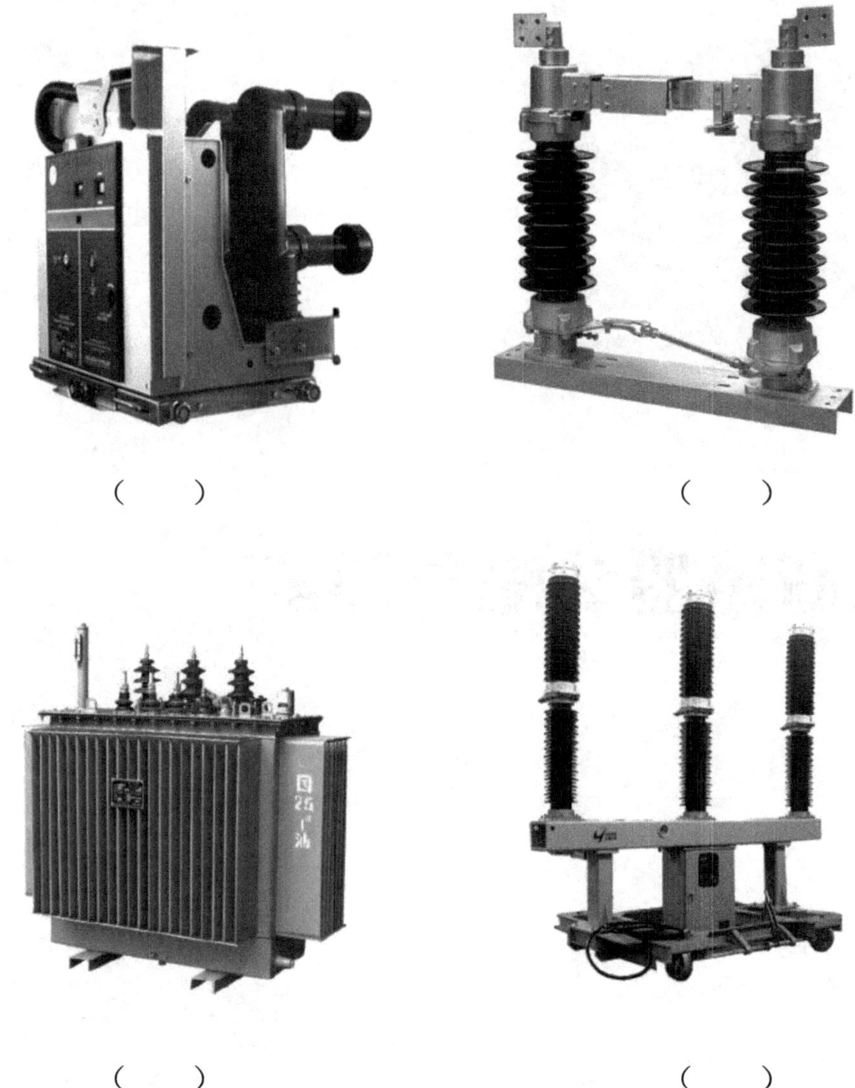

（　　）　　（　　）

（　　）　　（　　）

世界上最早的断路器产生于1885年，它是一种刀开头和过电流脱扣器的组合。1905年，具有自由脱扣装置的空气断路器诞生。1930年以来，随着科技的进步，电弧原理的发现和各种灭弧装置的发明，逐渐形成了目前的结构。50年代末，由于电子元件的兴起，又产生了电子脱扣器，到了今天，由于单片机的普及又有了智能型断路器的问世。

断路器的功能有哪些？你能写出几种不同类型的断路器吗？

____

____

____。

你知道这是断路器的哪一部分吗？功能是什么？

____

____

____

____。

你还认识以下这些断路器吗？

ZN6-12

ZW7-40.5

ZW8-12

ZW32-12

ZW43-12

zn85-40.5

VGP固封极柱真空断路器

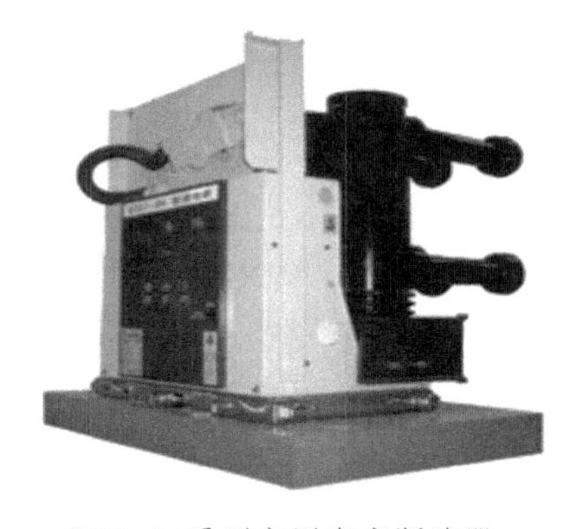

VS1-24系列高压真空断路器

请看下面一组数字！

据有关的历史资料对全国电力系统高压断路器运行中的事故类型统计分析，拒分事故占22.67%；拒合事故占6.48%；开断关合事故占9.07%；绝缘事故占35.47%；误动事故占7.02%；截流事故占7.95%；外力及其他事故占11.43%，其中以绝缘事故和拒分事故最为突出，约占全部事故的60%。

拒动和误动事故是指高压断路器拒分、拒合和不该动作时而乱动。其中拒分事故约占同类型事故的50%以上，是主要事故。分析其主要原因是因为制造质量以及安装、调试、检修不当，二次线接触不良所致。

高压断路器运行过程中一旦出现事故，将会带来供电中断、电力系统局部瘫痪，甚至是火灾等严重事故。为了降低断路器事故的概率，那么从我们做起，把好第一关吧！

你知道在电力系统中，哪些高压断路器最受欢迎吗？

随着制造技术的进步，6～10 kV电压等级的真空断路器和110 kV及以上电压等级的六氟化硫断路器，已成为电力系统的首选设备。

你想不想自己动手进行真空断路器和SF6断路器的装配呢？

你知道如何才能装配出合格的断路器吗？

你想掌握断路器的装配技能吗？

来吧！让我们动起来吧！

项目一　ZN63-12型真空断路器装配

来订单喽！

西安某开关厂接到一批KYN28-12的开关柜订单，柜内断路器需要配备ZN63-12型真空断路器，断路器小组要在两天的时间里进行全部ZN63-12型真空断路器的装配，包括灭弧室装、断路器总装及相关参数的调整。

开关柜排列图见附录1。

关于真空断路器，你还记得多少？

真空断路器是指触头在真空中关合、开断的断路器。它以其良好的灭弧特性，适宜频繁操作，电气寿命长、运行可靠性高、不检修周期长的优势，在以下各个方面得到了广泛的应用。

城乡电网改造

化工行业

冶金行业

电气化铁路

1961年，美国通用电气公司开始生产15kV、分断电流为12.5kA的真空断路器。发展到现在，真空断路器产品从过去的ZN1～ZN5几个品种到现在数十个型号、品种，额定电流达到4000 A，开断电流达到50 kA，甚至有63 kA，电压达到35 kV等级。

今天，我们就认识一种应用较为广泛的ZN63-12型真空断路器，并且对它进行装配，你有信心吗？

1.概述

ZN63-12(VS1)真空断路器为当前国内自行研制的较先进的产品，是额定电压为12 kV户内断路器，可供工矿企业、发电厂、变电站中作为电气设备的保护和控制之用，特别适用于要求无油化、少检修及频繁操作的使用场所，产品可配置在中置柜、双层柜、固定柜中使用。

2.结构

ZN63-12型真空断路器总体采用操动机构和灭弧室前后布置的形式，主导电回路为三相落地式结构。真空灭弧室纵向安装在管状的绝缘筒内，绝缘筒由环氧树脂采用APG工艺浇注而成，免受外界损伤和污秽环境的影响。

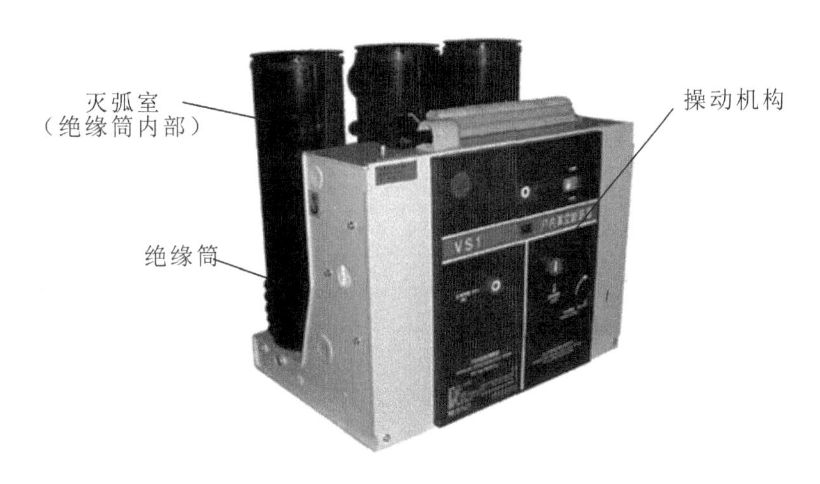

ZN63-12型真空断路器将灭弧室和操动机构前后布置成统一整体，即采用整体型布局，这种结构设计可使操作机构的操作性能与灭弧室的开合所需性能更为吻合，减少不必要的中间环节，降低能耗和噪声，使断路器的操作性能更为可靠。

断路器的具体结构见图2。

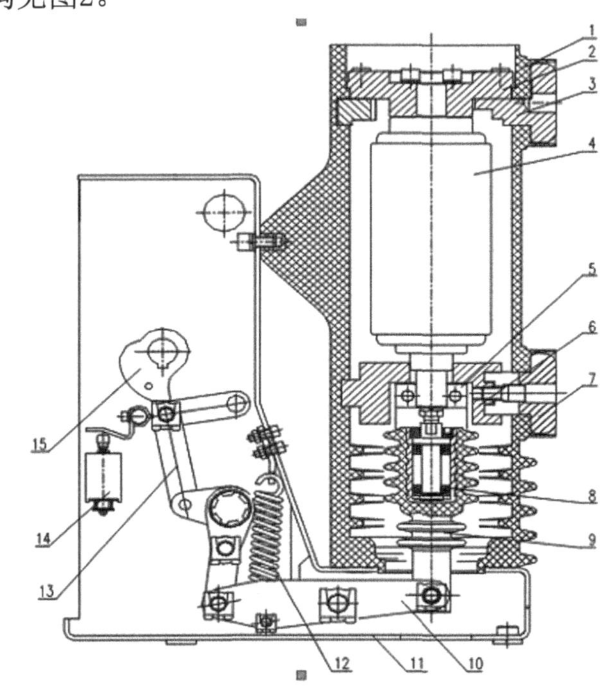

1—绝缘筒；2—上支架；3—上出线座；4—真空灭弧室；
5—软连接；7—下出线；6—下支架；座；8—碟簧；
9—绝缘拉杆；10—传动拐臂；11—断路器壳体；12-分闸弹簧；
13-四连杆机构；14-分闸电磁铁；15-凸轮

图2　真空断路器结构

3.技术参数

3.1主要规格及技术参数

序号	名称		单位	数据
1	额定电压		kV	12
2	额定绝缘水平	额定雷电冲击耐受电压峰值	kV	75
		1 min工频耐压		42
3	额定短路开断电流		kA	20 25 31.5 40
4	额定电流		A	630 630 1250 1250 1600 1250 1600 2000 2000 2500 2500 3150 3150 4000
5	额定热稳定电流（有效值）		kA	20 25 31.5 40
6	额定动稳定电流（峰值）		kA	63 80 100
7	额定短路关合电流（峰值）		kA	50 63 80 100
8	额定短路开断电流开断次数		次	50
9	二次回路工频耐受电压（min）		V	2000
10	额定操作顺序			分—0.3s—合分—180s—合分 分—180
11	额定热稳定时间		s	4
12	额定单个/背对背电容器组开断电流		kV	630 400 800 400（40 kA）
13	机械寿命		次	20000 10000（40 kA）

3.2断路器装配调整后机械特性参数

序号	名称	单位	数据
1	触头开距	mm	11±1
2	接触行程	mm	3.3±0.5
3	平均合闸速度（6 mm—触头闭合）	m/s	0.6±0.2
4	平均分闸速度（触头分开—6 mm）	m/s	1.1±0.2
5	分闸时间（额定电压）	m/s	20≤50
6	合闸时间（额定电压）	m/s	35≤100

（续表）

序号	名 称	单 位	数 据
7	触头合闸弹跳时间	ms	≤2　　≤3（40kA）
8	三相分闸不同期性	ms	≤2
9	动，静触头允许磨损累计厚度	mm	3
10	主导电回路电阻	μΩ	≤50（630 A）≤45（1250 A） ≤35（1600～2000 A）≤25（2500 A以上）
11	合闸触头接触压力	N	2000±200（20 kA）2400±200（25 kA） 3100±200（31.5 kA）4500±250（40 kA）

4.真空断路器装配主要部件

想一想，你还记得吗？

1.真空灭弧室的外壳有几类？

______________________________。

2.真空灭弧室的灭弧原理是什么？

____

____

______________________________。

真空灭弧室

1.操动机构的作用是什么？

____

______________________________。

2.弹簧操动机构内部有________弹簧和________弹簧两种。

弹簧操动机构

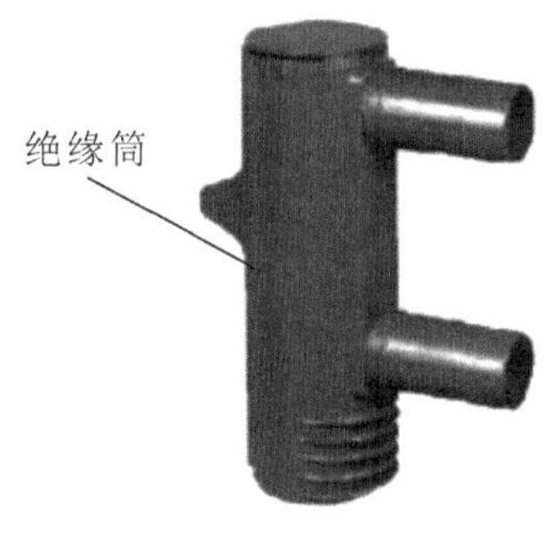

那是因为要树立质量的意识

户内高压真空断路器用绝缘筒，顶部和中部分别装有出线臂，上出线臂通过上支架与灭弧室静端固定连接，下出线臂通过下支架、软连接与真空灭弧室动端导电杆连接，上、下支架直接固定于绝缘筒内部。

优点：安装方便，断路器各相间一致性好；导出线臂与灭弧室接成整体；能获得像烟囱般的对流散热效果；防止异物和灰尘进入，满足对爬距的要求。

梅花触头包括触片、支撑架、拉簧、弹簧触指，支撑架为环形，若干触片装配于支撑架上成环形体。采用该构造后，梅花触头在导电连接中，在保持原有接触点的基础上，增加了弹簧触指的接触点，从而增加了导电接触面积，大大提高了其导电连接性能。

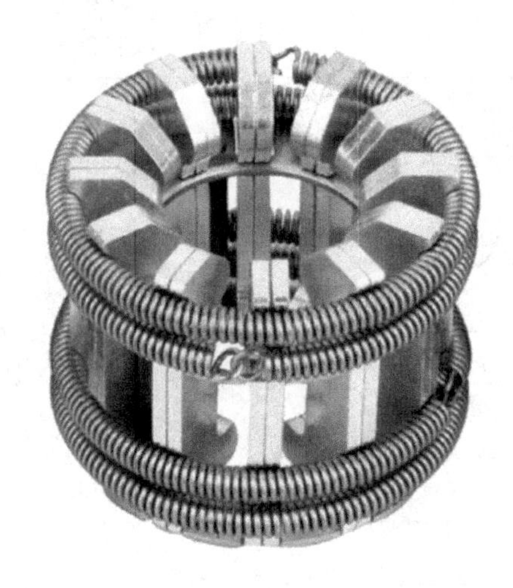

ZN63-12(VS1)真空断路器装配流程

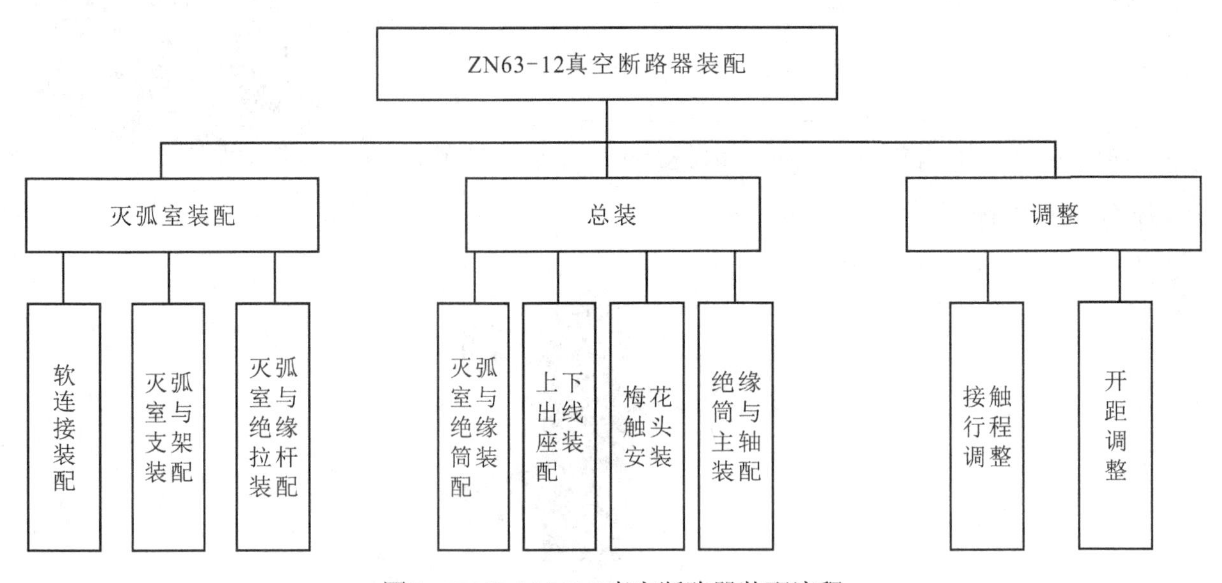

图5　ZN63-12(VS1)真空断路器装配流程

学习了这么多，让我来考考你！

1. 缘拉杆通过__________和操动机构连接起来？

2. 梅花触头的特殊结构有什么优点？

____

____

____。

制定装配方案

对ZN63-12(VS1)真空断路器装配你了解了吗？你能和组员协作完成一台ZN63-12(VS1)真空断路器吗？让我们来制定一个装配方案吧！

1. 在教师的引导下进行分组。

2. 各小组根据下表制定装配方案。

表5　ZN63-12(VS1)真空断路器装配方案

<table>
<tr><th colspan="5">ZN63-12(VS1)真空断路器装配方案</th></tr>
<tr><td colspan="2">小组名称：</td><td colspan="3">小组负责人：</td></tr>
<tr><td colspan="5">小组成员：</td></tr>
<tr><td colspan="5">装配流程：软连接装配→支架装配→绝缘拉杆安装→灭弧室与绝缘筒装配→支座安装→梅花触头安装→绝缘筒与主轴装配→调整</td></tr>
<tr><td colspan="2">内　容</td><td>时　间</td><td>人　员</td><td>备　注</td></tr>
<tr><td colspan="2">领料及准备</td><td></td><td></td><td></td></tr>
<tr><td colspan="2">工具选择</td><td></td><td></td><td></td></tr>
<tr><td rowspan="2">真空灭弧室装配</td><td>真空灭弧室零部件装配</td><td rowspan="2"></td><td rowspan="2"></td><td rowspan="2"></td></tr>
<tr><td>绝缘拉杆安装</td></tr>
</table>

（续表）

内　容		时　间	人　员	备　注
总装	真空灭弧室与绝缘筒装配			
	灭弧室与主轴连接			
调整	接触行程调整			
	三相同期性调整			
	开距调整			
装配工艺检查	根据工艺守则进行装配质量检查			
交付现场清理	移交下一道工序			
	整理工具、打扫卫生			

3.以小组为单位汇报装配方案的思路。

4.经教师点评和小组讨论后确定最佳装配方案。

装配实施

方案制定好了，那让我们开始吧！

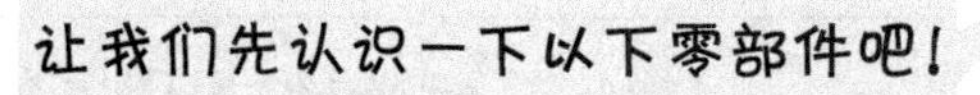

查询相关资料，写出下述部件的名称。

（　　）

（　　）

（　　）

（　　）

（　　）

（　　）

（　　）

（　　）

工前准备

准备项目	检查结果
安全措施	安全帽□、工作服□、工作鞋□、工作手套□
文件资料	标准文件□、装配作业指导书□、工艺守则□

真空灭弧室装配

1.领料及准备

1）零部件领取及检查：根据下表领取零部件，并填写正确的数量和检查结果。

序　号	名　称	数　量	检查结果	备　注
1	真空灭弧室	1	规格□、外观□、光洁度□	
2	绝缘拉杆（带蝶簧）		规格□、外观□、光洁度□	
3	导电夹		规格□、外观□、光洁度□	
4	软连接		规格□、外观□、光洁度□	
5	上支架		规格□、外观□、光洁度□	

（续表）

序　号	名　称	数　量	检查结果	备　注
6	下支架		规格□、外观□、光洁度□	
7	上支座		规格□、外观□、光洁度□	
8	操动机构		规格□、外观□、光洁度□	
9	梅花触头		规格□、外观□、光洁度□	
10	主轴		规格□、外观□、光洁度□	
11	传动拐臂		规格□、外观□、光洁度□	

2）辅料准备：根据下表准备辅料，并填写正确的用量。

序　号	名　称	规　格	用　量	备　注
1	标准件			
2	紧固胶			
3	导电脂			

3）工位器具选择：选择正确的工位器具，填入下表。

序　号	名　称	规　格	数　量	备　注
1				
2				
3				
5				
6				
7				
8				
9				

2.真空灭弧室的装配

1）导电夹与软连接用紧固件连接。

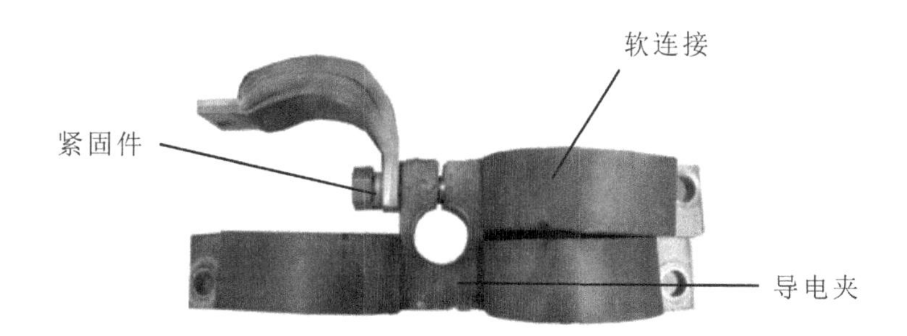

2）将灭弧室放入上支架，装上上支座，然后装入下支架，保证上下支座在同一平面。

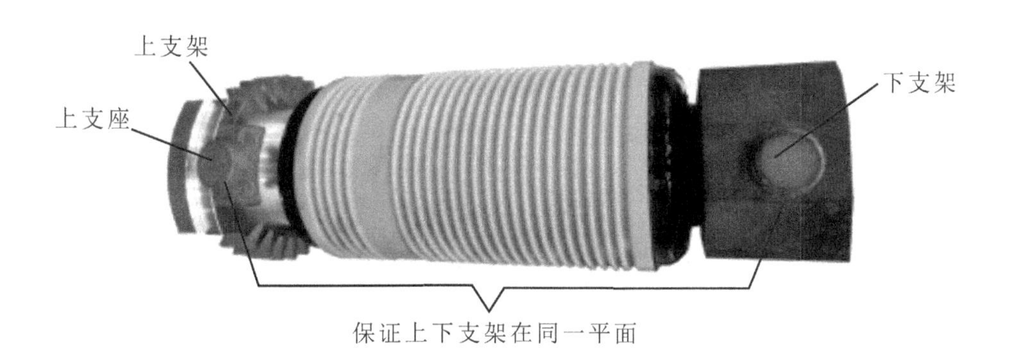

想一想：在此过程中，如何保证上下支架在同一平面？

____

____

____

____。

3）将装配好的软连接放入下支架。

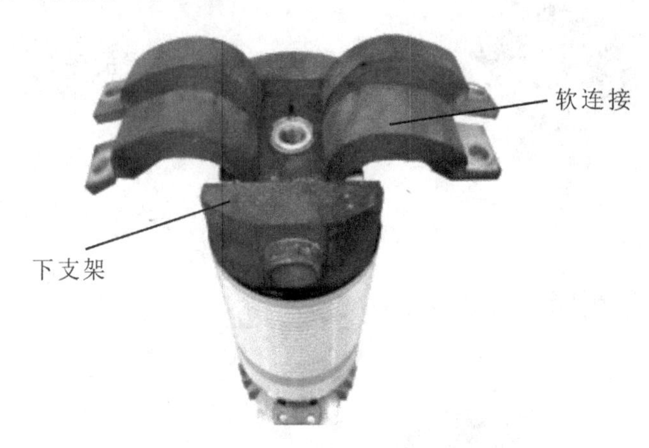

温馨提示

导电面应加导电脂，导电面不应该氧化，导电杆与导电夹之间紧固打力矩，加271紧固胶；上下支座的中心偏差不能超过±1 mm。

4）将绝缘拉杆（内加蝶簧）拧入导电夹，并将软连接和下支架之间进行紧固

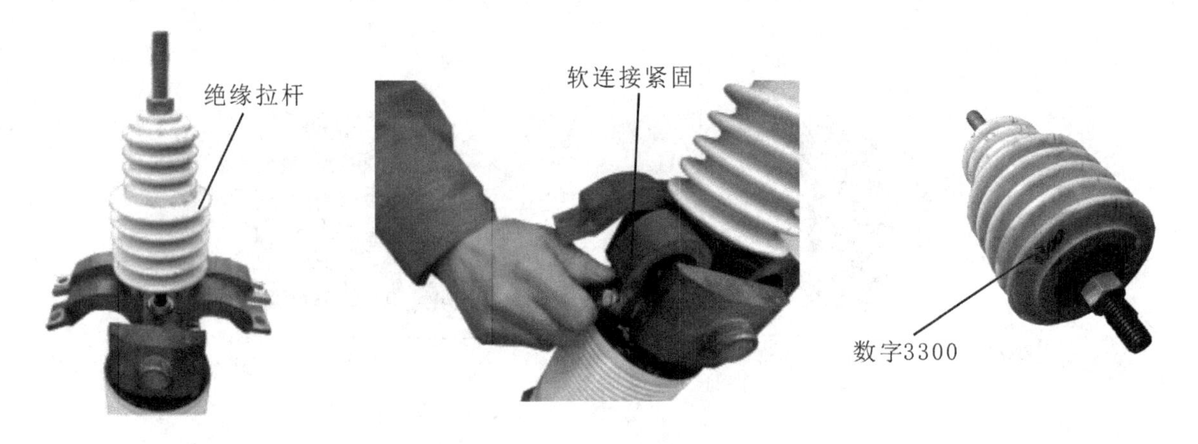

想一想：图上绝缘拉杆上的数字3300是什么意思？

____

____

____。

温馨提示

在进行绝缘拉杆的装配时注意总长的要求。

灭弧室与绝缘拉杆装配：绝缘拉杆的长度应符合以下要求：

1250 A以下总长485±1 mm；1600 A以下总长520±1 mm。

5）将上支架和上支座拆下。

想一想：为什么要将上支架和上支座拆下？

____

____

____。

3.真空断路器总装

1）将装配好的灭弧室装入绝缘筒。

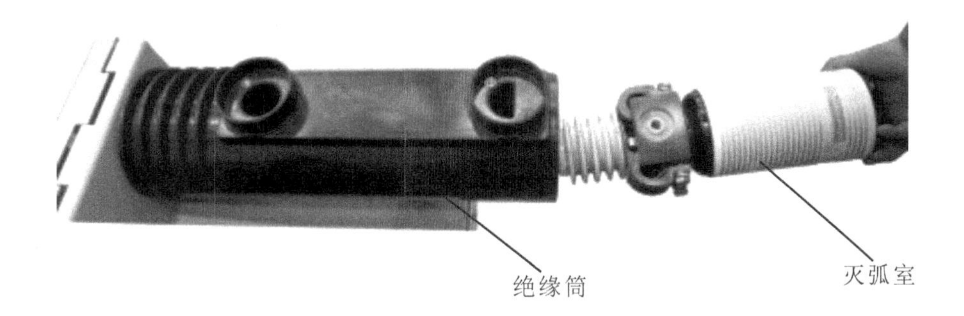

2）将上支座放入绝缘筒。

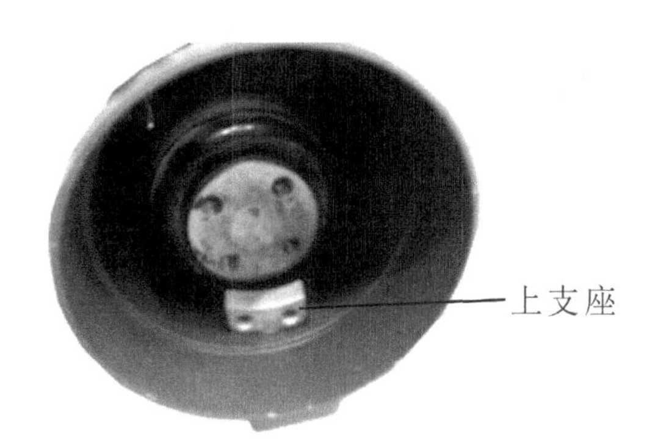

3）装入上、下出线座。

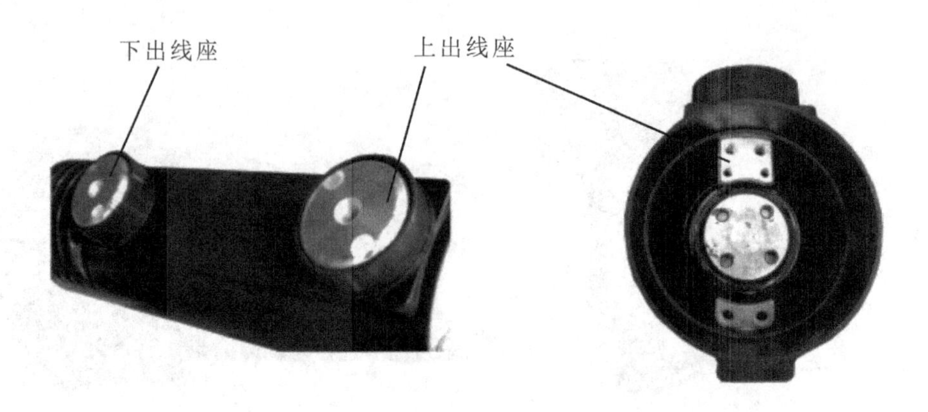

思考：判断以下两个出线座，上、下出线座形状为什么不一样？

（　　）　　　　　　　　　　（　　）

⚠ 注意：

下出线座与下支架之间用膨胀螺钉连接。

4）放入静支架并用紧固件紧固。

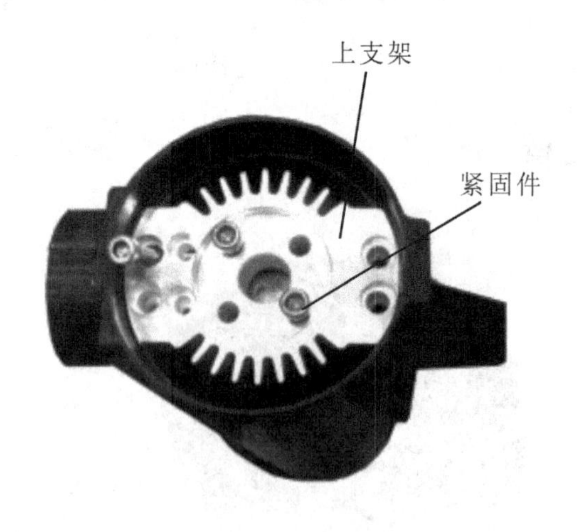

5）梅花触头装配（使用锥形工具）。

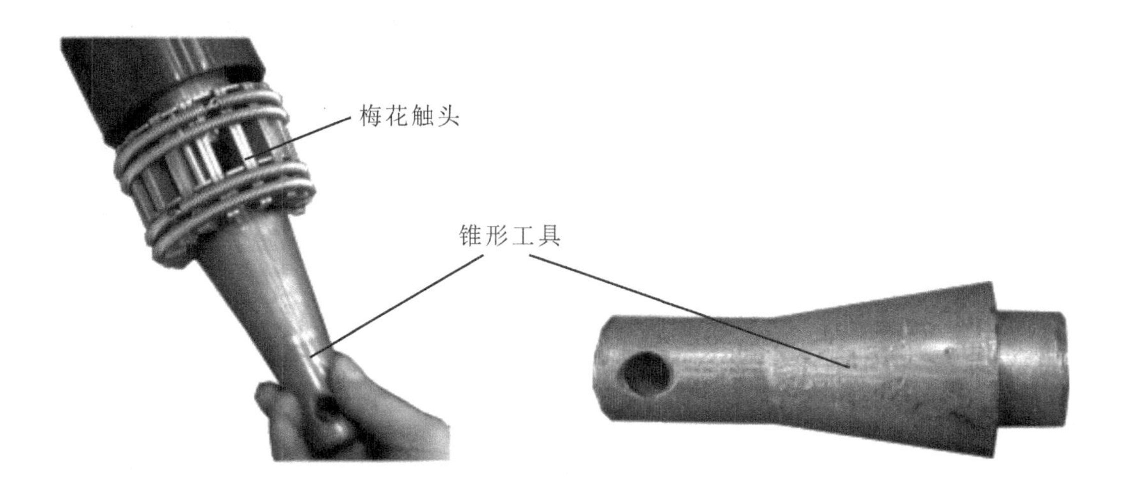

6）绝缘筒与主轴之间的装配。

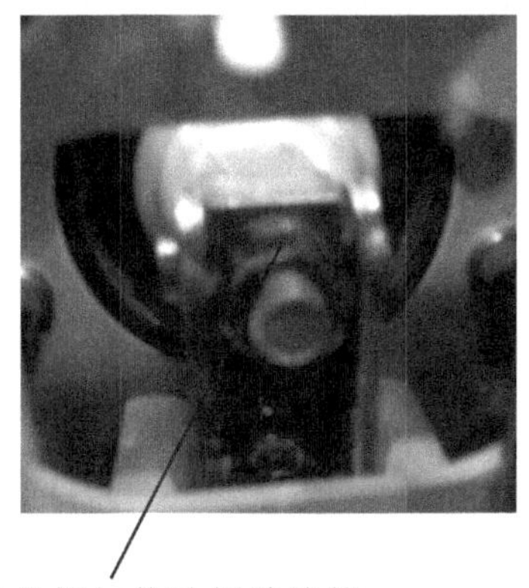

连接转动部位加润滑脂。

你也许想知道什么是锥形工具？

锥形工具:一种用来对手车式开关柜中的插接触头部件进行安装的梅花触头装卸工具。

终于装配完成了，这其中遇到了什么问题吗？怎么解决的？

写下来吧！

____

____

____

____

____

____。

你知道接下来要干什么吗？

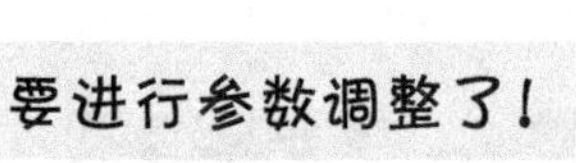

4. 真空断路器调整

（1）基本术语

1） 触头开距：指开关从分闸状态开始到动触头与静触头刚接触的这一段距离。

2）接触行程：所谓接触行程，就是开关触头碰触开始，触头压簧施力端继续运动至终结的距离，亦即触头弹簧的压缩距离，故又称压缩行程。

接触行程有两方面作用，一是令触头弹簧受压而向对接触头提供接触压力；二是保证在运行末以后仍然保持一定接触压力，使之可靠接触。一般接触行程可取开距的20%～30%左右，10 kV的真空断路器约为3～4 mm。

（2）接触行程的调整

通过调整绝缘拉杆下方的调整螺栓来改变单相的接触行程。每将螺栓上旋一圈接触行程减少0.625 mm，反之增加0.625 mm，调至接触行程为3.3±0.5 mm。

(3) 触头开距的调整

调整缓冲器的垫片，使开距达到技术要求。

在调整接触行程和触头开距时，调整机构输出杆的长度，可只改变接触行程而不改变触头开距，必要时可调整输出杆长度。

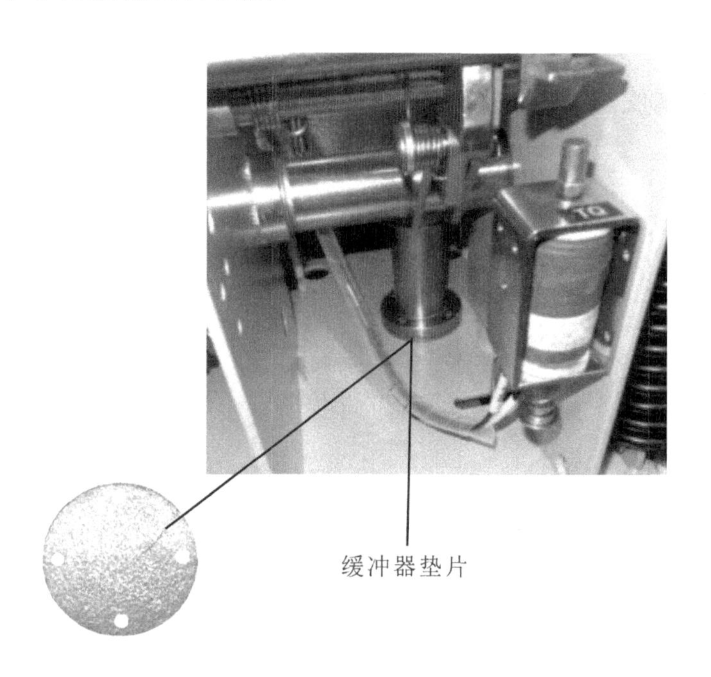

缓冲器垫片

你知道用什么进行触头开距和接触行程的测量吗？

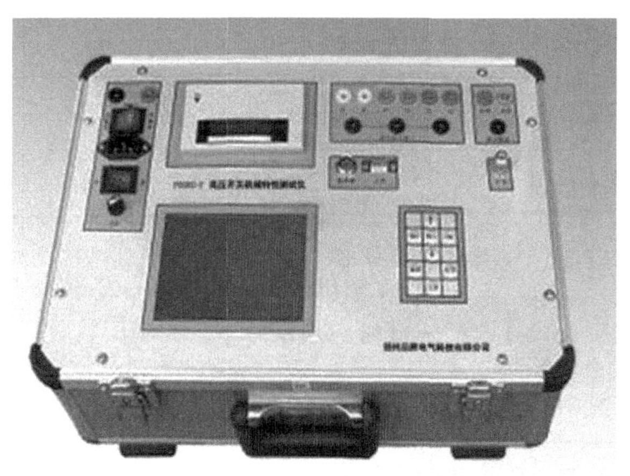

开关特性测试仪

高压开关特性测试仪是针对各种高压开关研制的一种通用型电脑智能化测试仪器。该仪器应用光电脉冲技术，单片计算机技术及可靠的抗电磁辐射技术，配以精确可靠的速度/距离传感器，可用于各种电压等级的真空、六氟化硫、少油、多油等高压开关的机械性参数的调试与测量。该仪器接线方便、操作简单、操作时只需一次合（分）动作便可得到合（分）闸全部数据。并能打印所需的全部数据，断口电流波形和动触头运动曲线，便于分析保存。

开关特性测试仪使用方法参阅说明书！

装配检查

你的装配符合要求吗？让我们检查一下吧！

根据下表进行工艺检查。

表2　真空断路器装配工艺检查卡

项目		检查内容	检验结果	
			是	否
主轴装配		主轴转动是否灵活		
		主轴上各拐臂、相对角度、相对轴向尺寸间隙在0.5 mm左右，轴承套肩应与箱体贴平，不得有离缝现象		
		分闸拐臂所安装的滚轮应灵活转动，调整后分别装在滚轮的两侧		
		主轴上的轴卡等零件有无漏装		
灭弧室装配	绝缘拉杆	绝缘杆蝶簧在压缩过程中无卡滞现象		
		端盖铆接牢固		
	导电夹连接	导电面应加导电脂且无氧化膜		
		导电夹应长入导电杆凹槽内，并打力矩，加涂厌氧胶		
		上下支座中心偏差不能超过±1 mm		
		1250 A以下，总长485±1 mm		
		1600 A以下，总长520±1 mm		
	绝缘筒	进出±1 mm，单只平面0.3 mm，垂直度0.3 mm，相间±1.5 mm		

（续表）

项目		检查内容	检验结果	
			是	否
断路器总装配	总装及参数调整	螺丝螺母已全紧固，挡卡轴卡齐全，所有转动处已上润滑油		
		合闸滚轮与∅14轴撞击距离2～3.5 mm		
		分合闸余量>2 mm		
		∅14、∅15、∅16轴向间隙0.2～0.5 mm		
		按技术规定参数调好超行程开距		
		开关在100%额定电压下进行磨合200次		
		磨合完毕后重新测超程、开距		

1.总装工艺要求

绝缘筒平行高度，进出允许±1 mm，单只平面0.3 mm，绝缘筒垂直度误差0.3 mm，相间误差±1.5 mm。

绝缘筒立杆与主轴连接，调整开距、超程，加厌氧胶（271）。

连接转动部位加润滑脂。

三相中心距应符合技术要求。

2. 要求与注意事项

整机装好后，清除绝缘表面的灰尘，所有的摩擦部位应注润滑油。

所有内丝拧入深度不少于7 mm并加防松帽及垫圈。

安装前和安装时真空管应安全存放，严禁用尖硬的物体工具撞击。

项目总结

任务结束了！想想你学到了什么？

你知道ZN63-12型真空断路器的结构吗？

____

____。

装配过程中，有哪些收获？有哪些做得还不够好？

____

____

____。

在进行ZN63-12真空断路器装配时，用哪种工具进行梅花触头的安装？

____

____

____。

我和组员之间的合作愉快吗？沟通有效吗？

____

____

____。

附录一

开关柜编号	P1		P2		P3		P4		P5	
开关柜型号方案	XGN15-12		XGN15-12		XGN15-12		XGN15-12		XGN15-12	
一次方案图			TMY-3×40×8							
回路名称	进线柜		进线柜		高压计量柜		出线柜		出线柜	
设备名称	型号规格	数量		数量		数量		数量		数量
负荷开关							XCFZRN25-12D/T125-31.5	1	XCFZRN25-12D/T125-31.5	1
断路器	VS1-12/630A	1	VS1-12/630A	1						
高压熔断器	XRNP-10/0.5A	2	XRNP-10/0.5A	2	XRNP-10/0.5A	3	SFLAJ-12kV/100A	2	SFLAJ-12kV/100A	2
故障指示器	EKL4	1	EKL4	1			EKL4	1	EKL4	1
电流互感器	LZJC-10 400/5A 0.5/0.5	2	LZJC-10 400/5A 0.5/0.5	2	LZBJ9-10 100/5 2S/0.5	2				
电压互感器	JDZF17-10 10kV/220V 1kVA	1	JDZF17-10 10kV/220V 1kVA	1	JDZFX9-10 10kV/0.1kV	2				
避雷器	HY5WS-17/50	3	HY5WS-17/50	3						
继电保护	SPAJ-140C	1	SPAJ-140C	1						
带电显示器	DXN8-Q/GL-6	1	DXN8-Q/GL-6	1	DXN8-Q/GL-6	1	DXN8-Q/GL-6	1	DXN8-Q/GL-6	1
凝露控制器										
测量表计42L6	3×A 400/5		3×A 400/5							
操作方式	电动AC220V		电动AC220V				电动AC220V		电动AC220V	
柜宽×深×高	800×900×2200		800×900×2200		800×900×2200		800×900×2200		800×900×2200	
电缆规格	YJV22-3×120		YJV22-3×120				YJV22-3×70		YJV22-3×70	

说明：1、两进线柜能够实现备自投，且设置主、付电源。
2、高压柜内预留多功能电子表、失压仪、负荷监控终端等三块表位。

				10kV配电 工程 施工图 设计阶段
审定		设计		高压开关柜一次系统图
校核		制图		
日期		比例		图号

项目二 LW8-40.5型六氟化硫断路器灭弧室装配

西安某开关电气有限公司接到一批LW8-40.5型断路器，其中灭弧室小组现在要进行灭弧室的分装，时间2天，主要是进行静触头系统装配、动触头系统装配、中间触头系统装配和总装。

SF6 断路器，是用SF6 气体作为灭弧和绝缘介质的断路器。它与空气断路器同属于气吹断路器，不同之处在于：①工作气压较低；②在吹弧过程中，气体不排向大气，而在封闭系统中循环使用。

六氟化硫用作断路器中灭弧介质始于20世纪50年代初。由于这种气体的优异特性，使这种断路器单断口在电压和电流参数方面大大高于压缩空气断路器和少油断路器，并且不需要高的气压和相当多的串联断口数。在60～70年代，SF6断路器已广泛用于超高压大容量电力系统中。20世纪初已研制成功363 kV单断口、550 kV双断口和额定开断电流达80、1000 kA的SF6断路器。

应用范围：10～1000 kV电压等级的电力系统。

支柱式SF6断路器

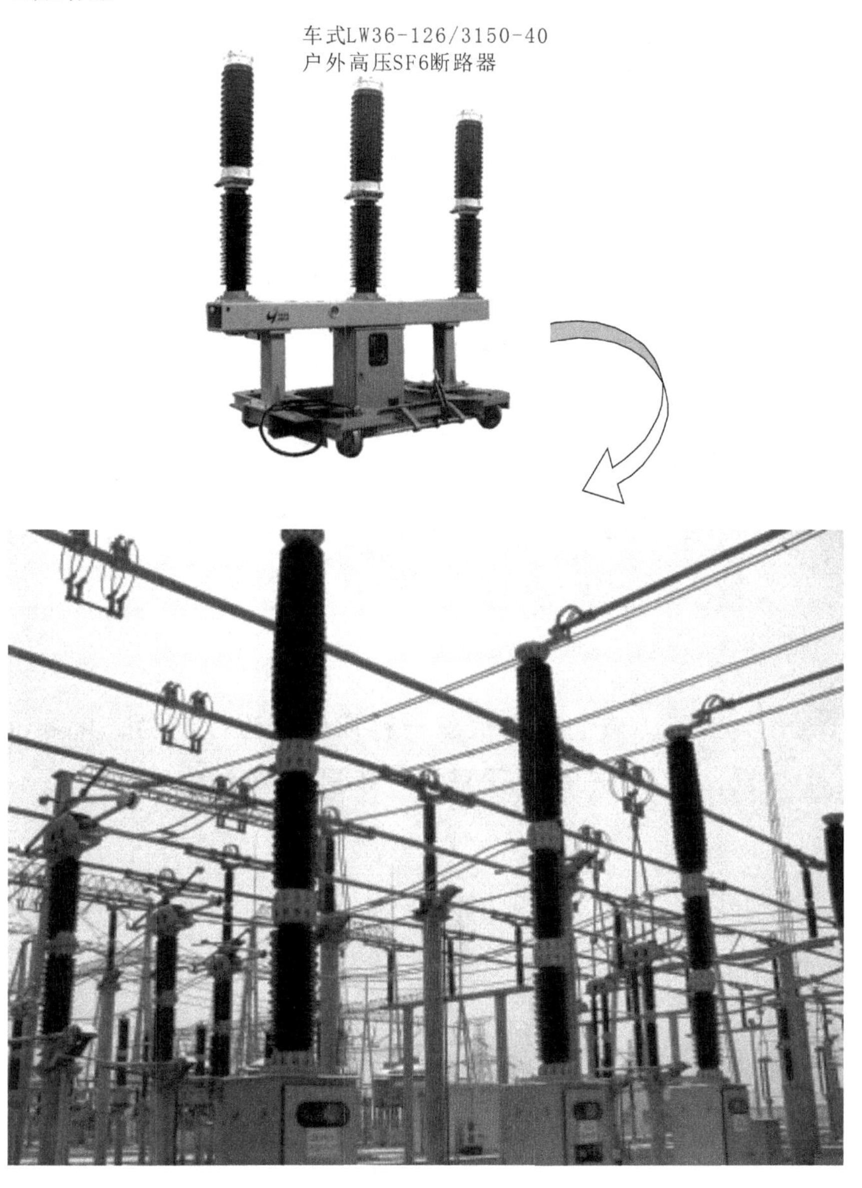

罐式SF6断路器

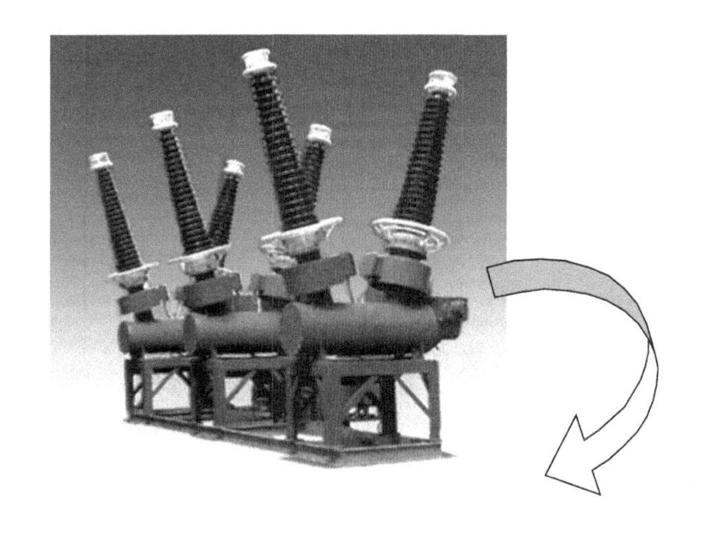

今天，我们就来认识一种应用较为广泛的LW8-40.5型SF6断路器，并且对它的灭弧室进行装配，你有信心吗？

1.型号及其含义

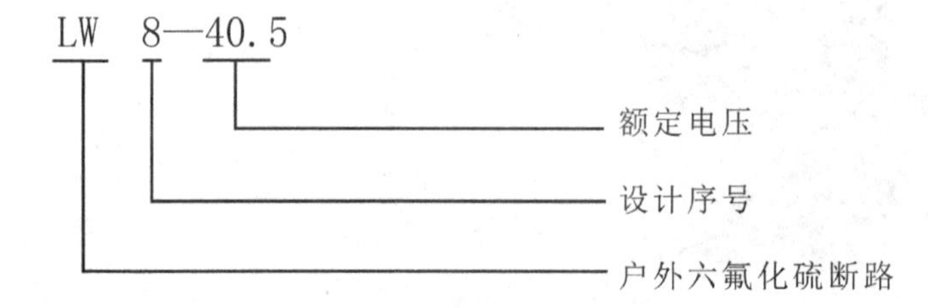

2.技术参数

表1 LW8-40.5型断路器主要技术参数

名 称		单 位	数 据
额定工作电压		kV	35
最高工作电压		kV	40.5
额定绝缘水平	雷电冲击耐压（峰值）	kV	185 (断口)
	工频耐压	kV	95（断口）
额定工作电流		A	1600
机械寿命		次	5000
六氟化硫气体额定压力（20℃时表压）		MPa	0.45
闭锁压力（20℃时表压）		MPa	0.40
最低使用环境温度		℃	−30
额定短路开断电流		kA	25
额定短路关合电流（峰值）		kA	63
额定短时耐受电流（热稳定电流）		kA	25
额定峰值耐受电流（动稳定电流）		kA	63
额定矢步开断电流		kA	6.3
额定短路持续时间		s	4
合闸时间（额定操作电压下）		s	不大于0.1
分闸时间（额定操作电压下）		s	不大于0.06
额定操作顺序			分—0.8 s—合分—180 s—合分
额定短路开断电流下的累计开断次数次		15	10
年漏气率		%/年	不大于1
六氟化硫气体水分含量（20℃时）		%	不大于0.15
合闸线圈，分闸线圈电压 储能电机电压		V	AC:220 380 DC:48 110 220 AC:220 DC:220
六氟化硫气体质量		kg	8
断路器（包括操动机构）质量		kg	1400
主回路电阻		μΩ	不大于120

3.断路器的装配调整参数

序　号	名　称	单　位	数　据
1	动触头行程	mm	95±2
2	触头开距	mm	60±1.5
3	极间合闸同期性	ms	≤3
4	极间分闸同期性	ms	≤2
5	主回路电阻	μ Ω	≤120
6	刚合速度	m/s	3.2±0.2
7	刚分速度	m/s	3.4±0.2

4.外形及尺寸

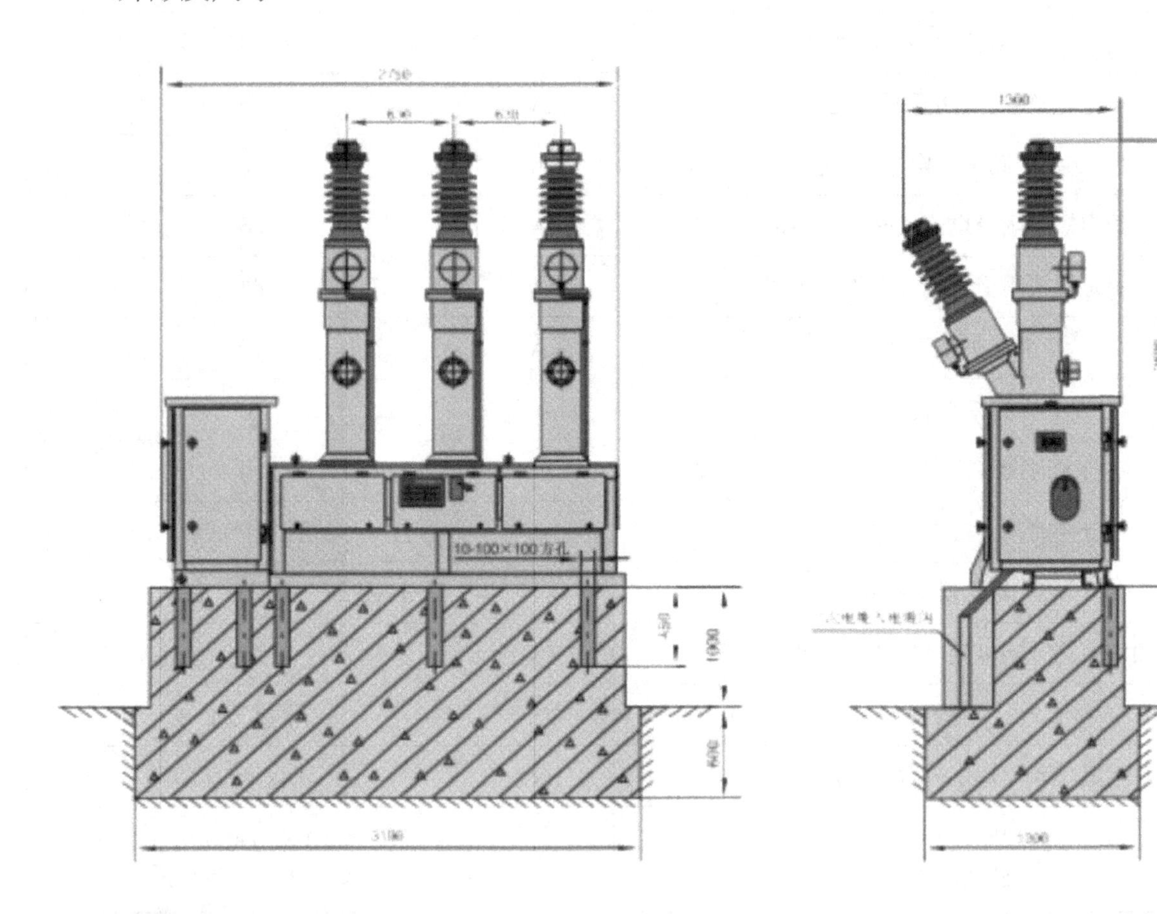

你还记得断路器内部的核心部件是什么吗？

答对了，灭弧室！

1. 灭弧室结构

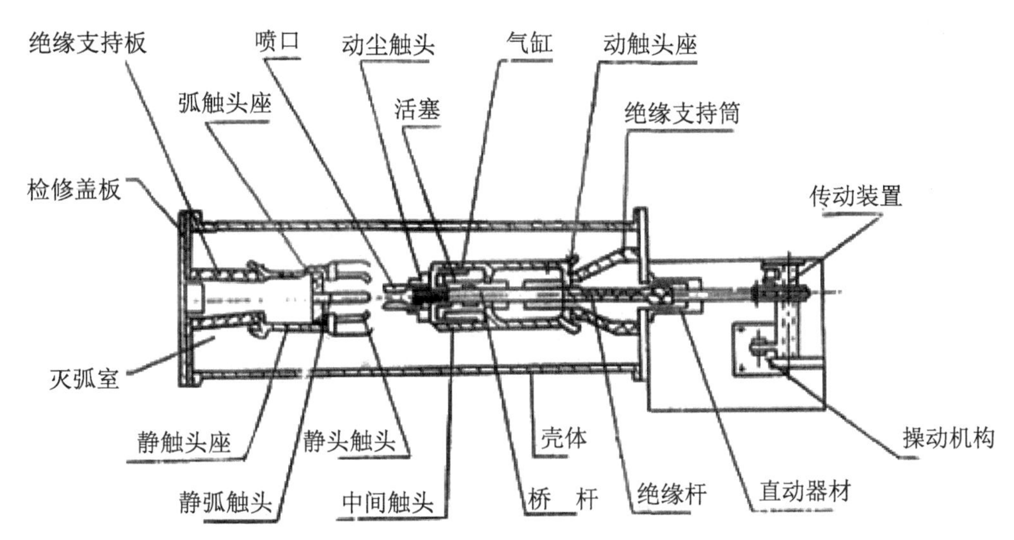

灭弧室内有由主动、静触头组成主导电回路，以及由辅助动、静触头组成的弧触头回路，前者仅通过电流，而电弧的燃烧与熄灭是在辅助触头上，这样可以提高主触头的载流能力和使用寿命。动静辅助触头均采用空心导管，头部镶有耐弧材料，喷口采用聚四氟乙烯材料制成，SF6气体密度继电器用以监视断路器的工作压力。

2.灭弧室装配流程图

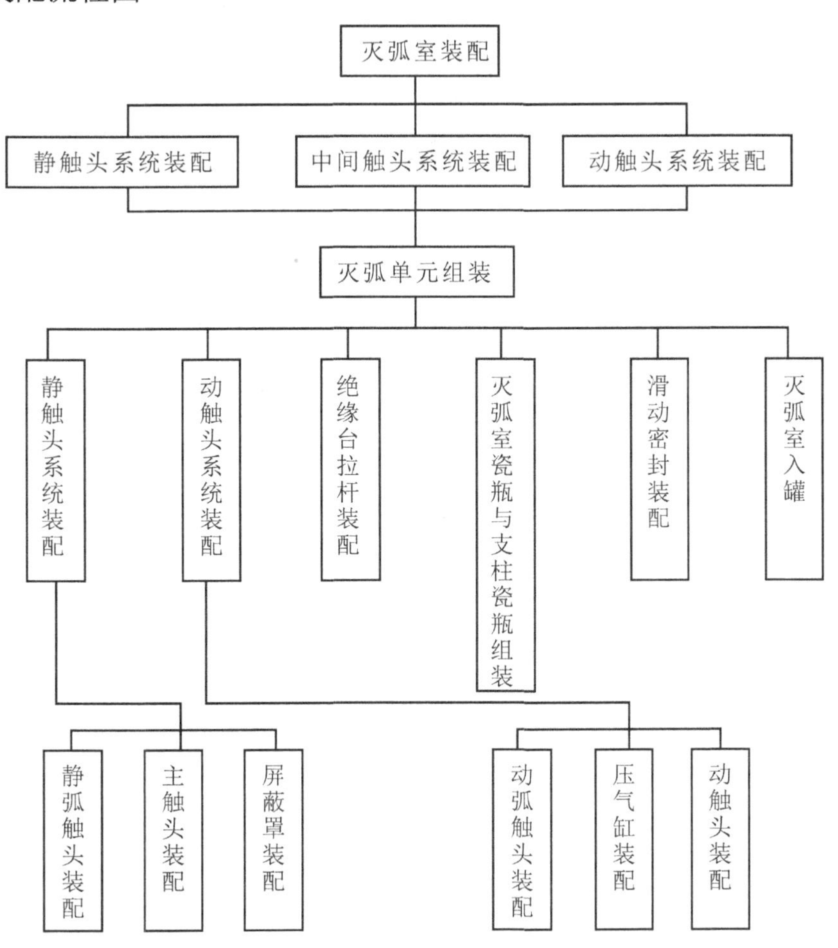

3.灭弧室装配涉及部件

1）中间触头系统

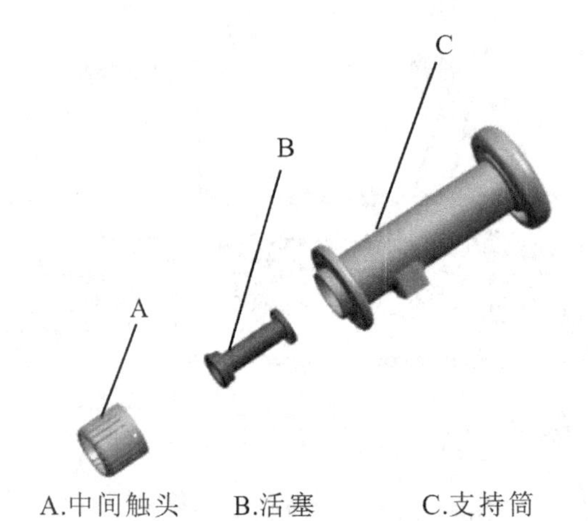

A.中间触头　B.活塞　C.支持筒

中间触头系统装配示意图

2）压气缸

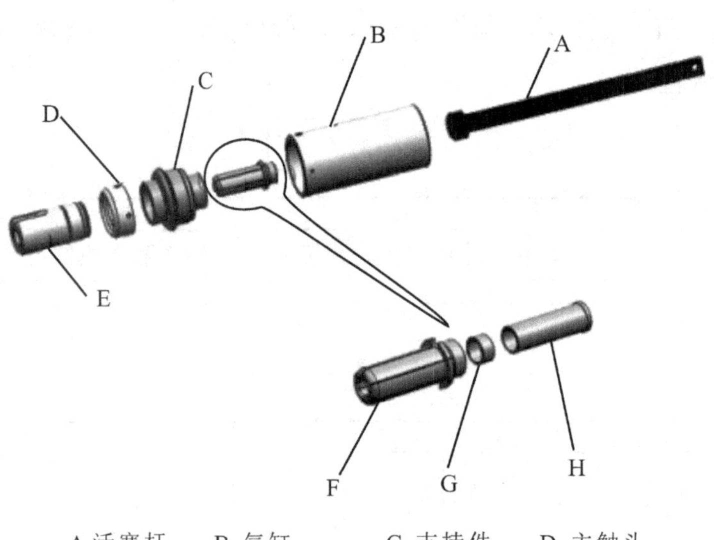

A.活塞杆　B.气缸　C.支持件　D.主触头
E.喷口　F.动弧触头　G.套　H.内导流套

压气缸安装示意图

3）静触头系统

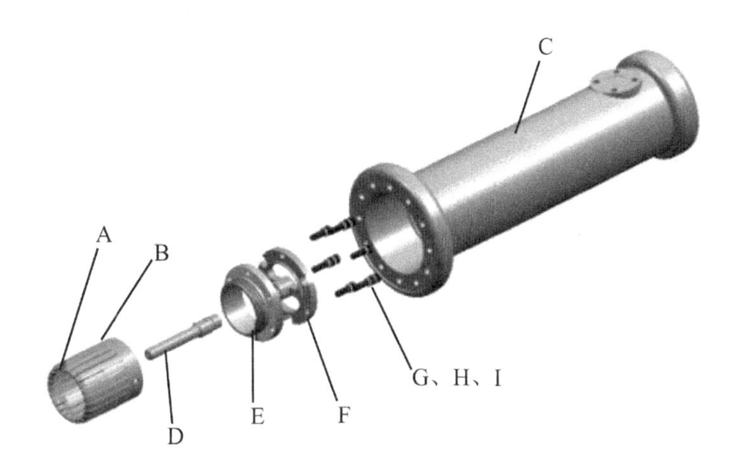

A.静主触头　B.内六角紧定螺钉M4　C.静触头座　D.静弧触头E.法兰
F.静触头支持件　G.内六角螺钉M10　H.螺钉M10　I.垫圈

静触头系统安装示意图

4）动触头系统

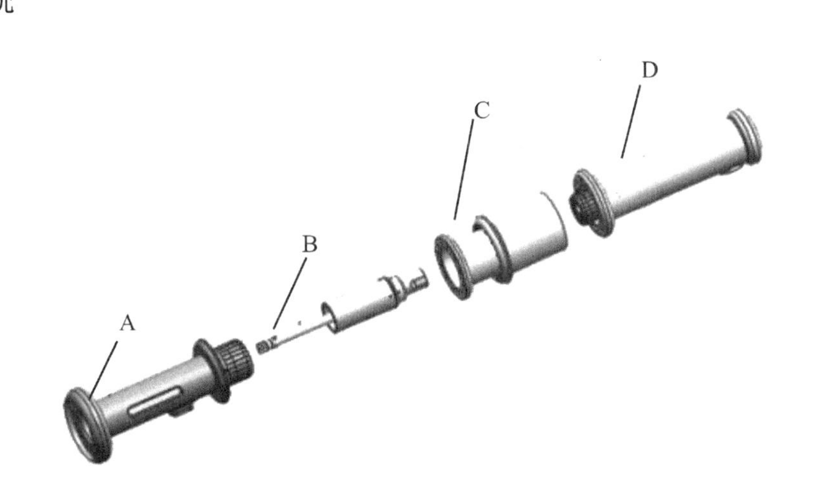

A.灭弧室下部装配　B.压气缸装配　C.绝缘台装配　D.静触头装配

动触头系统安装示意图

学习了这么多，让我考考你吧！

1.灭弧室内的触头分________和________两部分。

2. LW8—40.5型SF6断路器中40.5指的是________。

制定装配方案

对灭弧室装配你了解了吗？你能和组员协作完成一个灭弧室的装配吗？让我们来制定一个装配方案吧！

1.在教师的引导下进行分组。

2.各小组根据下表制定装配方案。

表2　LW8-40.5型断路器灭弧室的装配方案

<table>
<tr><th colspan="5">LW8-40.5型断路器灭弧室的装配方案</th></tr>
<tr><td colspan="3">小组名称：</td><td colspan="2">小组负责人：</td></tr>
<tr><td colspan="5">小组成员：</td></tr>
<tr><td colspan="5">装配流程：中间触头装配、动触头装配、静触头装配 → 总装 → 灭弧室装配完成</td></tr>
<tr><th colspan="2">内容</th><th>时间</th><th>人员</th><th>备注</th></tr>
<tr><td colspan="2">领料及准备</td><td></td><td></td><td></td></tr>
<tr><td colspan="2">工具选择</td><td></td><td></td><td></td></tr>
<tr><td rowspan="3">中间触头装配</td><td>活塞和复合轴套装配</td><td rowspan="3"></td><td rowspan="3"></td><td rowspan="3"></td></tr>
<tr><td>活塞和支持筒安装</td></tr>
<tr><td>中间触头和支持筒安装</td></tr>
<tr><td rowspan="5">压气缸装配</td><td>动弧触头的安装</td><td rowspan="5"></td><td rowspan="5"></td><td rowspan="5"></td></tr>
<tr><td>主触头和活塞杆装配</td></tr>
<tr><td>压气缸的装配</td></tr>
<tr><td>动弧触头和喷口的安装</td></tr>
<tr><td>喷口的安装</td></tr>
</table>

（续表）

内容		时间	人员	备注
静触头系统的安装	静弧触头的安装			
	静主触头的安装			
	静触头与支持筒的安装			
动触头系统装配	压气缸与中间触头的安装			
灭弧室的总装	灭弧室的总装			
调整	触头的行程调整			
	三相同期性调整			
	开距调整			
装配工艺检查	根据工艺守则进行装配质量检查			
交付现场清理	移交下一道工序			
	整理工具、打扫卫生			

3.以小组为单位汇报装配方案的思路。

4.经教师点评和小组讨论后确定最佳装配方案。

装配实施

方案制定好了，那么让我们开始吧！

让我们先认识一下以下零部件吧！

查询相关资料，写出下述部件的名称。

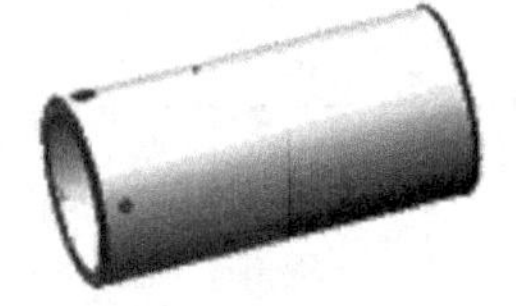

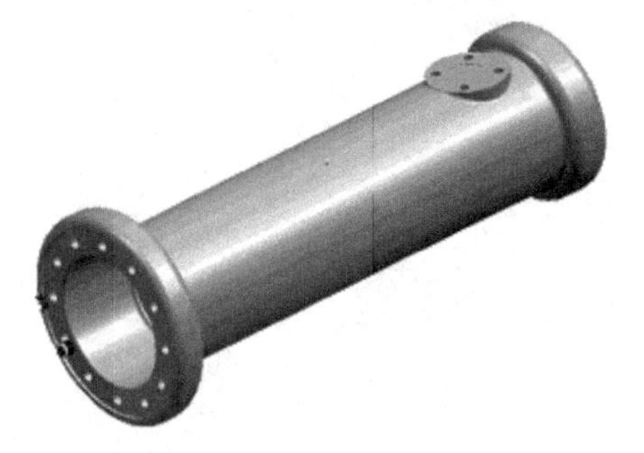

接下来，让我们整体了解一下装配工艺要求吧！

灭弧室装配工艺要求

1. 装配前准备工作

1.1 所有零件应去除毛刺、倒钝锐角，不得有影响使用性能的磕碰划伤，密封圈和其他橡胶密封件应去除飞边，不得有影响密封的缺陷存在。

1.2 零部件和外购件应经质量检验部门检验合格，才可投入装配。

1.3 所有金属件应用99%酒精清洗干净，内外表面不得有铁屑、锈斑、油污和赃物。

1.4 触头螺纹处涂敷微碳导电脂、轴销零件表面涂敷本顿润滑脂。

1.5 装配过程中应轻拿轻放，严禁野蛮操作，不得损伤零部件的密封面、不得切伤各橡胶密封面，不得将铁屑和赃物带入。

1.6 被密封原件的密封部位必须紧密密封贴合，不得有间隙和密封不严等现象。

1.7 法兰连接螺母对称拧紧。

2. 装配工艺规程

2.1 在装配前应仔细阅读产品装配图、装配技术要求及装配试验程序，熟悉产品结构特点，掌握产品装配步骤、装配方法以及每步骤的装配要求。

2.2 准备相应的装配工具

领齐装配所需零件，小零件放置在干净的工作台上，重要零件放在工位器具箱内。

3. 装配后检查

装配后应检查装配是否正确，有无漏装或多装零件。

工前准备

表3 工前准备

准备项目	检查结果
安全措施	安全帽□、工作服□、工作鞋□、工作手套□
文件资料	标准文件□、装配作业指导书□、工艺守则□

灭弧室装配

1.领料及准备

1）零部件领取及检查：根据下表领取零部件，并填写正确的数量和检查结果。

序　号	名　称	数　量	检查结果	备　注
1	中间触头	1	规格□、外观□、光洁度□	
2	活塞		规格□、外观□、光洁度□	
3	支持筒		规格□、外观□、光洁度□	
4	挡圈口		规格□、外观□、光洁度□	
5	动弧触头		规格□、外观□、光洁度□	
6	内导流套		规格□、外观□、光洁度□	
7	活塞杆		规格□、外观□、光洁度□	
8	压气缸		规格□、外观□、光洁度□	
9	主触头		规格□、外观□、光洁度□	
10	喷口		规格□、外观□、光洁度□	
11	静触头		规格□、外观□、光洁度□	
12	静弧触头		规格□、外观□、光洁度□	
13	静触头支持件		规格□、外观□、光洁度□	
14	法兰		规格□、外观□、光洁度□	
15	套筒		规格□、外观□、光洁度□	
16	绝缘台		规格□、外观□、光洁度□	

2）辅料准备：根据下表准备辅料，并填写正确的规格和用量。

序　号	名　称	规　格	用　量	备　注
1	标准件			
2	紧固胶			
3	导电脂			
4	厌氧胶			
5	润滑脂			

3）工位器具选择：选择正确的工位器具，填入下表。

序　号	名　称	规　格	用　量	备　注
1				
2				
3				
4				
5				
6				
7				
8				
9				

准备好了，我们开始装配吧！

1.中间触头系统装配

1）使用压力机通过压块将复合轴套装入活塞，并装好挡圈。

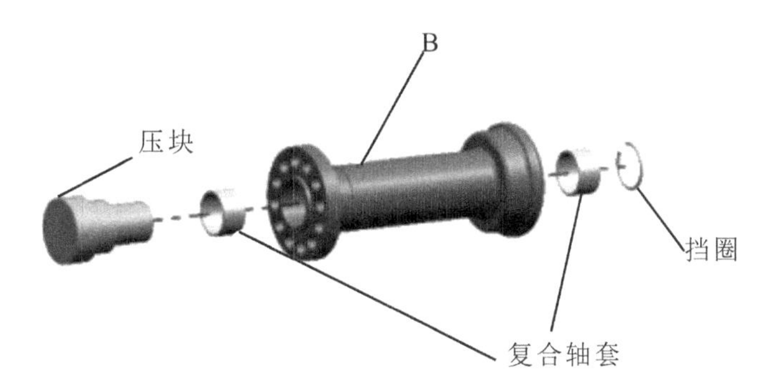

温馨提示

活塞内表面和复合轴套外表面需要涂敷适量二硫化钼润滑脂。

2）涂敷厌氧胶271至螺钉螺纹处，将活塞安装至支持筒，并用螺丝紧固。

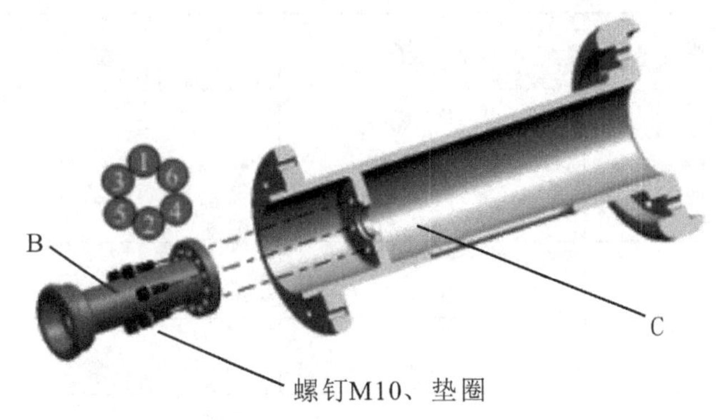

想一想：为什么要在螺钉螺纹处涂覆厌氧胶271？

____

____。

3）涂敷微碳导电脂至中间触头螺纹处，将中间触头安装至支持筒上，使用工装进行紧固，涂敷厌氧胶271至紧固螺钉M4螺纹处，安装紧固螺钉M4至中间触头，通过样冲紧固螺钉。

样冲

用途：用于在钻孔中心处冲出钻眼，防止钻孔中心滑移

操作要领：应斜看靠近冲眼部位；冲眼时冲尖对准划线的交叉点或划线；敲击前要扶直样冲。

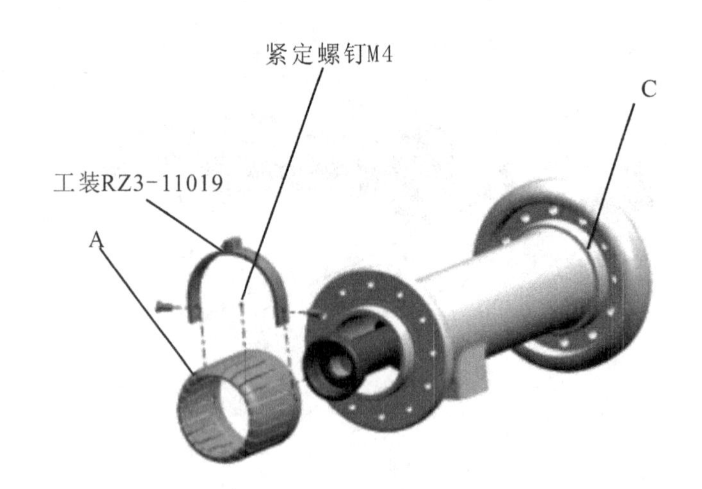

2．压气缸装配

1）动弧触头的安装：安装套至动弧触头，通过塑胶榔头安装内导流套至动弧触头，样冲内导流套。

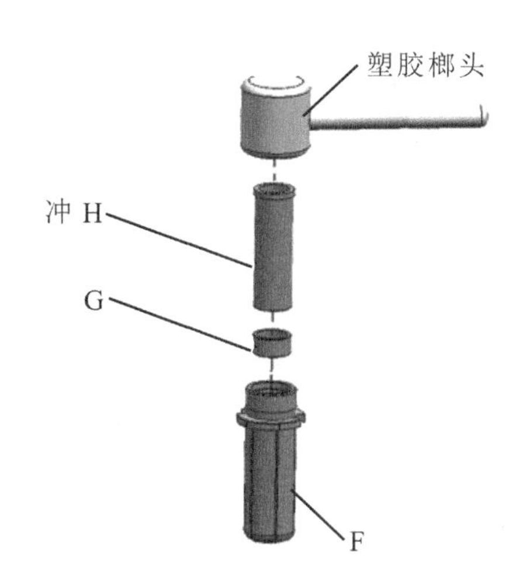

2）主触头和活塞杆装配：涂敷微碳导电脂至支持件螺纹处，安装主触头与支撑件，涂敷微碳导电脂至活塞杆螺纹处，安装活塞杆与支持件，使用工装卡紧主触头，使用工装紧固活塞杆。

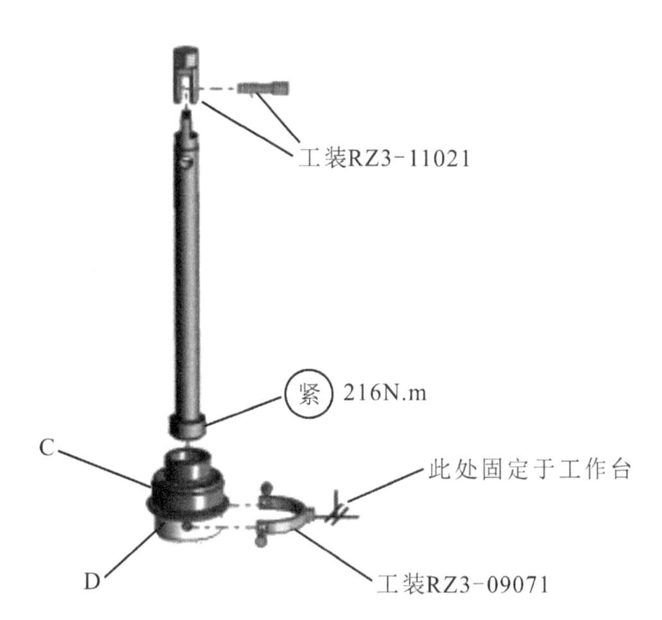

3）压气缸的装配：涂敷微碳导电脂至支持件螺纹处，安装压气缸至支撑件，使用工装紧固，涂敷厌氧胶271至紧定螺钉螺纹处，安装紧定螺钉至压气缸和主触头，样冲紧定螺钉。

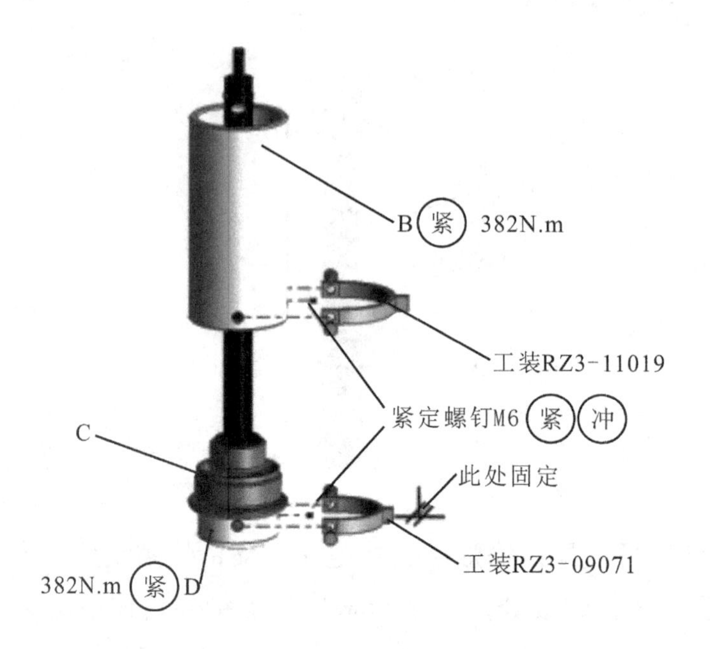

4）动弧触头和喷口的安装：

动弧触头的安装：涂敷微碳导电脂至动弧触头螺纹处，安装动弧触头至活塞杆，使用工装紧固。

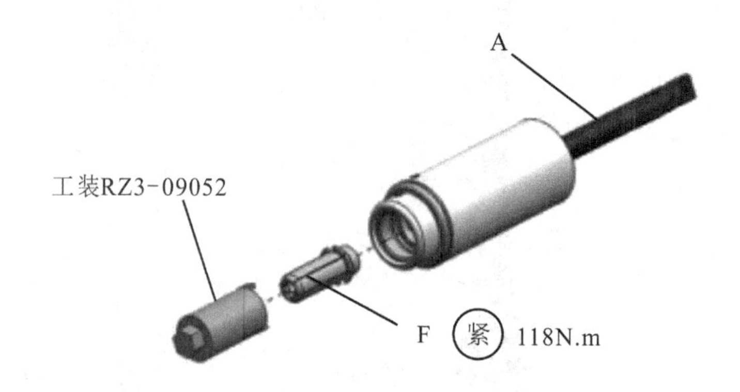

喷口的安装：安装喷口至支持件，使用工装紧固。

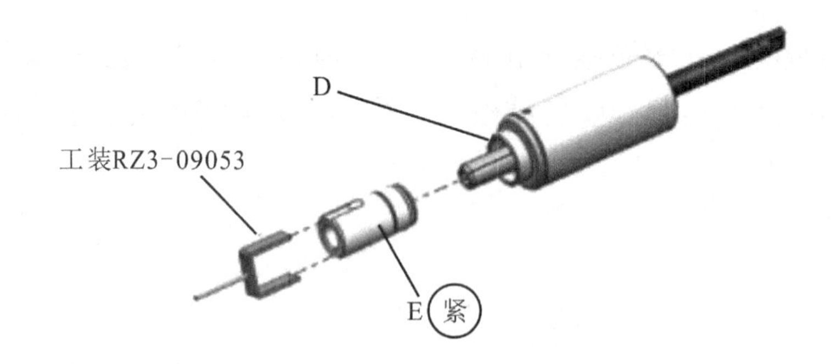

灭弧室密封的重要性:

当密封不严发生泄漏时，灭弧室内的压力将会下降，会影响断路器的灭弧能力和绝缘性能，从而使断路器的性能达不到要求，电路不能及时断开，影响电力系统的正常运行，造成电力系统的故障；长时间燃弧会造成触头的烧蚀，降低设备的安全性、可靠性和耐久性，严重时会引起重大安全事故，造成的危害就更大。

3．静触头系统的安装

1）静弧触头的安装：涂敷微碳导电脂至螺纹表面，安装静弧触头与静触头支持件。

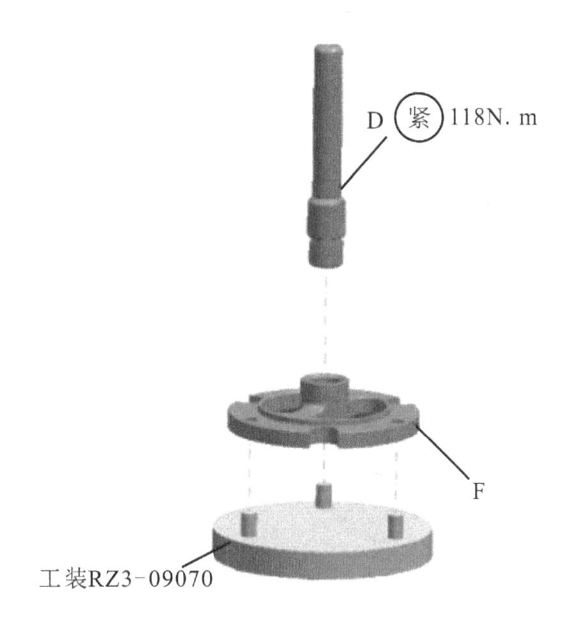

2）静主触头的安装：涂敷微碳导电脂至静主触头螺纹处，安装静主触头至法兰，使用工装紧固，涂敷厌氧胶271至紧定螺钉螺纹处，紧固紧定螺钉至静主触头，样冲紧定螺钉。

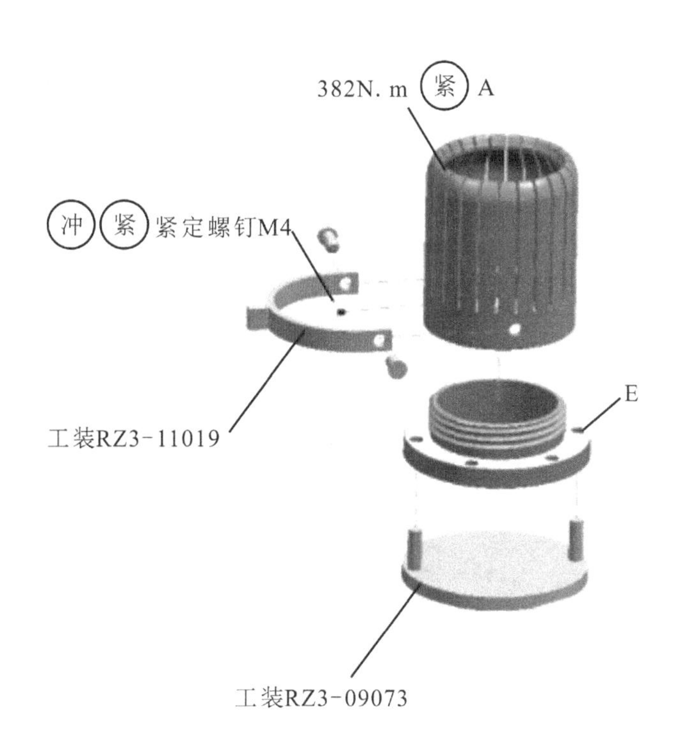

3）静触头与支持筒的安装：涂敷厌氧胶271至内六角螺钉和螺纹处，安装法兰与支持筒、静触头支持件，使用内六角螺钉、垫片紧固。

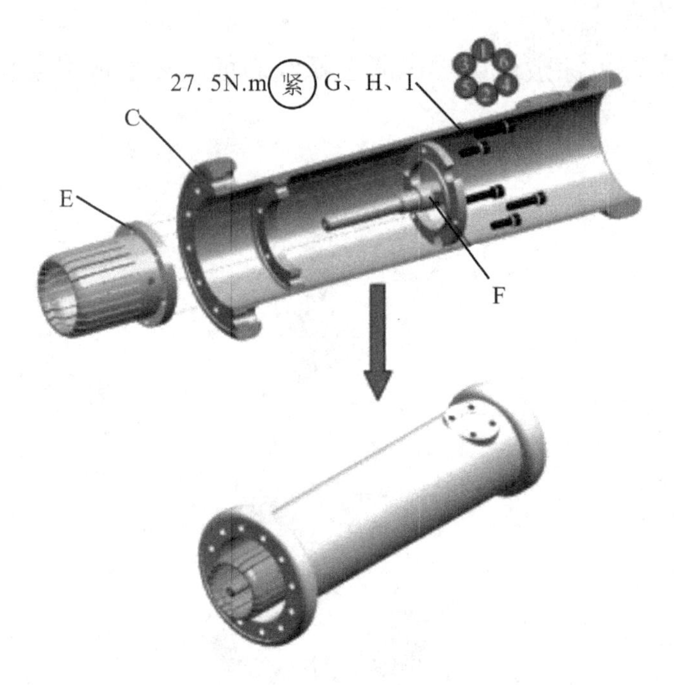

4.动触头系统装配

压气缸与中间触头的安装：涂敷VP980导电润滑脂至压气缸装配中压气缸的外表面，插入压气缸装配至灭弧室下部装配中。

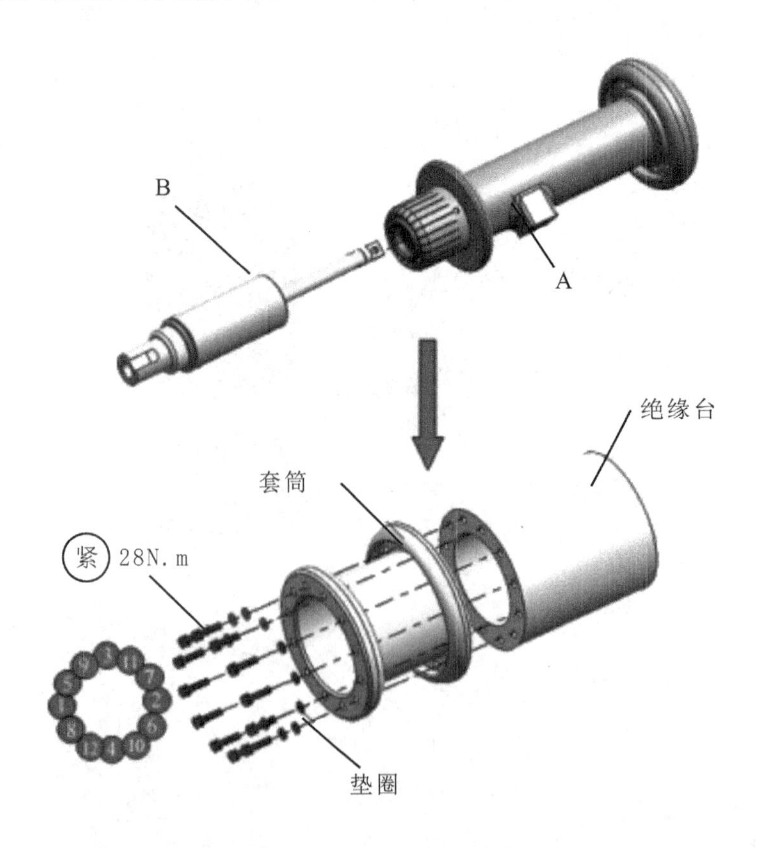

5.灭弧室的总装

涂敷厌氧胶271至螺钉螺纹处，安装绝缘台至灭弧室下部装配，使用螺钉、垫圈紧固；安装静触头装配与绝缘台，使用螺钉、垫圈紧固。

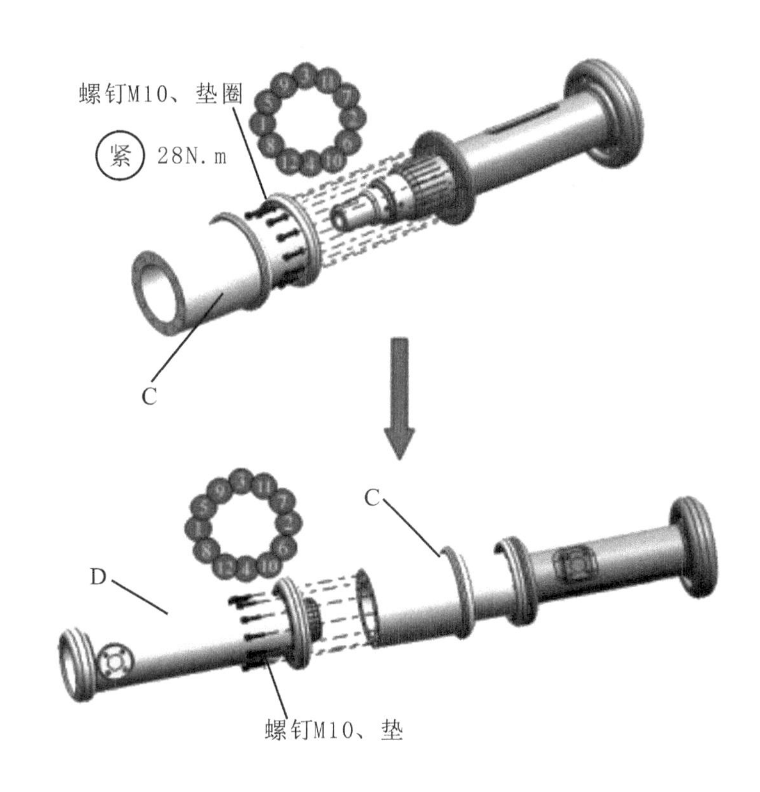

注：其他部件装配流程参照作业指导书

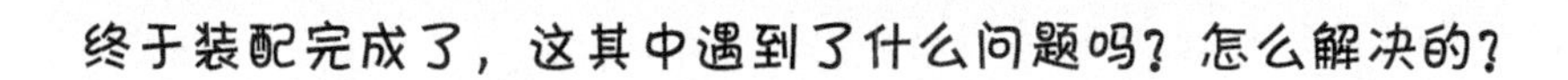

写下来吧！

____

____

____

____

____

____。

为了更好的完成装配，你需要学习以下相关知识。

断路器装配注意事项

装配时，应将零部件放在装配台进行装配（也可以在平面度较高的水磨石地面上进行装配，装配时，应在工作台、地面上垫一块橡胶垫）。

1. 产品装配安全管理的要求

2. 装配前零件的清洗

3. 防氧化导电接触脂的涂覆

4. 螺钉紧固的要求按作业指导书执行

5. 装配前零件及吸附剂的烘干

6. 卡套接头的安装

7. 厌氧性粘接剂的涂覆

8. SF6气体密封胶的涂覆

9. 螺纹紧固检查记号的标注

10. 高压开关用润滑脂的选择及涂敷

11. 防水密封胶的涂敷

12. SF6气体绝缘密封高压开关设备抽真空

13. 检验

14. 安全技术及注意事项

14.1 作业时严禁上下抛接工器具。

14.2 运输、起吊柜时应有防护措施，避免损伤柜面漆层及内部元器件。操作者和参与操作者需佩戴安全帽。行车工必须有行车证。

14.3 高空作业时，需有安全措施，进入车间必须佩戴安全帽。

14.4 装配过程中必须戴一次性塑料手套

装配检查

你装配的符合要求吗？让我们检查一下吧！

根据检查项目及要求进行装配工艺的检查。

装配检查卡

产品型号	LW25A-126	部件代号		共 2 页
产品名称	高压六氟化硫断路器	部件名称	单极断路器	第 2 页

工作号	出厂编号	用 户	现场问题处理记录	签字 年 月 日

分闸力值	N
合闸力值	N
注：分、合闸力值的测量在拐臂箱装配前进行。	
环境温度	℃
相对湿度	%
初抽真空度	Pa
保持时间	日 时 分—— 日 时 分
复检真空度	Pa
记 录 人	

检查组长		年 月 日	版

序号	项 目	检验项目
1	(罐)	自检项目
2	(清)	①②③④⑤⑥⑦⑧⑨⑩⑪
3	(罐)	自检签字
4	(清)(气)(ф)(紧)	
5	(中)(清)(气)(ф)(紧)	互检项目
6	(本)(挡)(紧)	
7	(清)(气)(ф)(紧)	④⑤⑥⑦⑧⑨⑩⑪
8	(本)(挡)(紧)	
9	(清)(吸)(ф)(气)(紧)	互检签字
10	活动拐臂箱的拐臂，感觉是否灵活。	
11	初抽真空	专检项目
	(完)	⑤⑥ ⑧⑩⑪
		专检签字

标记	处数	更改文件号	签 字	日期	标记	处数	更改文件号	签 字	日期	编 制	日期	校 核	日期	审 定	日期

	装配检查卡	产品型号	LW25A-126	部件代号		共 2 页
		产品名称	高压六氟化硫断路器	部件名称	单极断路器	第 1 页

工作号	出厂编号	用户	现场问题处理记录	签字 年 月 日	检查组长		年 月 日	版

零部件名称	零件图号	生产厂家	生产批号
灭弧瓷套			
支柱瓷套			
绝缘拉杆	5KA. 234. 506		
拐臂箱	8KA. 024. 102		

烘干	时间	温度	记录人
开启烘箱	月 日 时 分		
关闭烘箱	月 日 时 分		

标记	处数	更改文件号	签字	日期	标记	处数	更改文件号	签字	日期	编制	日期	校核	日期	审定	日期

装配检查卡的项目代号及其含义和检查内容见下表所示。

代 号	含 义	具体内容	自 检	抽 检	专 检
㊣紧	紧固	按规定力矩值进行紧固，无间隙，作检查标记。除Q235A外特殊力矩均应明确表示力矩值	*	△	
Ⓞ	O型圈	O型圈表面无伤痕，确认O型圈的种类、尺寸、使用期限、装入状态及紧固后法兰部位不应有缝隙	*		▲
挡	挡圈	确认挡圈的种类、尺寸、装配方向正确，顺利转动，做检查记号（检查记号为白色）	*		
开	开口销	开口销的尺寸、开口角度正确			
气	气体密封胶	确认按作业指导书要求进行。气体密封胶良好、均匀、足量			
本	本顿润滑脂	本顿润滑脂涂敷良好、均匀、足量			
微	微碳润滑脂	微碳润滑脂涂敷良好、均匀、足量（包括接触面检查、清扫检查）			
㊁	二硫化钼	二硫化钼的涂敷良好、均匀、足量			
低	低温润滑脂	低温润滑脂涂敷良好、均匀、足量			
罐	大罐瓷套	罐内、法兰面清扫干净，去除突起部分，瓷套内、外面清扫干净			
滑	滑动面	去除滑动面的突起和伤痕			
防	防水处理	进行防水处理			
冰	防冰处理	进行防冰处理			
锈	防锈处理	进行防锈处理			

（续表）

代　号	含　义	具体内容	自　检	抽　检	专　检
㊦缘	绝缘件	绝缘件装配良好、明确管理制度，必要时测定值记入表格内	*		
试	试验	工厂试验及装配试验符合图样技术要求			
预	预装	预装配良好			
震	防震橡胶	防震橡胶装配良好，检查老化情况			
中	对中	确认使用对中工具，进行中心调整	*		
聚	聚四氟乙烯套	聚四氟乙烯套装配良好			
梅	梅花触头	梅花触头装配良好			
吸	吸附剂	吸附剂的封入、封入量符合图样要求，按规定时间封入			
SP	弹簧销	弹簧销压入方向正确			
导	导电接触脂	导电接触致的涂敷均匀良好、均匀、足量（包括检查接触面无伤痕、清扫干净）			
1#	1#润滑油	1#润滑油的涂敷良好			
红	红色防松胶	红色防松胶的涂敷良好			
紫	紫色防松胶	紫色防松胶的涂敷状态良好，内螺纹要涂敷时要明确表示出来			
挡	粘合剂	确认粘合剂的牌号，粘合剂的涂敷良好			
均	均匀	涂敷均匀、足量			
定	定位螺钉	使用了定位螺钉			
U	U型螺母	使用了U型螺母			
S	无贯通的盆式绝缘子	确认盆式绝缘子无伤痕，清理干净，无附着异物，记录编号	*		

（续表）

代 号	含 义	具体内容	自 检	抽 检	专 检
Ⓣ	有贯通的盆式绝缘子	确认盆式绝缘子无伤痕，清理干净，无附着异物，记录编号	*		
㊀清	清理	零、部件清理干净，无附着异物			
屏	屏蔽导体	屏蔽导体清理干净			
支	绝缘支持件	绝缘支持筒、台、拉杆清扫干净，无伤痕，无碰上，记录编号	*		
冲	打样冲	正确打样冲			
调	调整	调整间隙按照图样要求进行	*		
插	插入	导体的插入尺寸，方法正确，插入尺寸（明确管理值）在场内和现场装配一致，记录测量值	*		
方	方向	安装方向符合图样要求			
填	填密材料	密封效果良好，进行浸水填密材料老化检查			
行	行程	行程测量（明确管理值），记录测量值	*		
间	间隙	间隙测量（明确管理值）记录测量值	*		
尺	尺寸	尺寸测量（明确管理值）检查尺寸合格	*		
卷	卷曲	垫圈、垫片卷曲，安装方向正确			
动	动作	进行动作检查（包括接点动作检查，位置检查）	*		
Ⓗ	钢丝螺套	钢丝螺套的尺寸，插入状态安装方法正确			
内	罐内部检查	罐内最后检查（防止异物残留）	*		
伤	伤痕	检查零、部件无伤痕、裂纹、碎片			
洗	清洗	清洗干净			
光	光整	光整良好	*		

（续表）

代　号	含　义	具体内容	自　检	抽　检	专　检
㊀阀	阀体	阀体无伤痕，安装方向，安装状态正确			
㊀配	配管	配管的弯曲，安装正确，清理干净			
㊀铜	铜垫片	铜垫片的尺寸，安装方向正确、无伤痕			
㊀油	油密封	机械密封圈，密封液压油良好	*		
㊀装	装配	按图样要求及装配作业指导书进行装配	*		
㊀慢	防慢分	达到防慢分要求			
㊀注	注油	按图样要求进行			
㊀清	清洁	满足清洁度要求			
㊀换	切换	转换开关准确	*		
㊀压	压力	压力满足技术文件要求	*		
㊀间	时间	满足技术要求	*		
㊀尘	防尘	采取防尘措施			
㊀真	真空度	真空度达到技术要求	*		
㊀漏	检漏	检漏合格			
㊀铆	铆冲	无松动			
㊀生	生料带	生料带的缠法正确			
㊀号	编号	检查编号、记录编号	*		
㊀刻	刻印	打字头、刻印编号清楚			
㊀测	测量	测量力矩值正确，记录测量值	*		
㊀完	完工检查	进行最后检查、检查结构、伤痕、污垢及外观	*		

注：
1. *代表自检，△代表抽检，▲代表专检。
2. *自检项目代表在作业完成后，由负责人确认签字，△、▲专检项目代表由检查人员确认签字。
3. △抽检比例按不小于5%进行。
4. 装配检查卡项目代号由圆圈加项目代号名称组成。

项目总结

任务结束了，想想你学会了些什么？

想想为什么高压断路器要有灭弧作用？

____

____

____

____

____

____

____。

我有哪些收获吗？

____

____

____

____

____

____

____。

在进行装配过程中我们重点应注意哪些事项？

____

____

____

____

____

____

____。

我和组员之间的合作愉快吗？沟通有效吗？

____

____

____

____

____

____

____。

GIS组合电器装配与调试

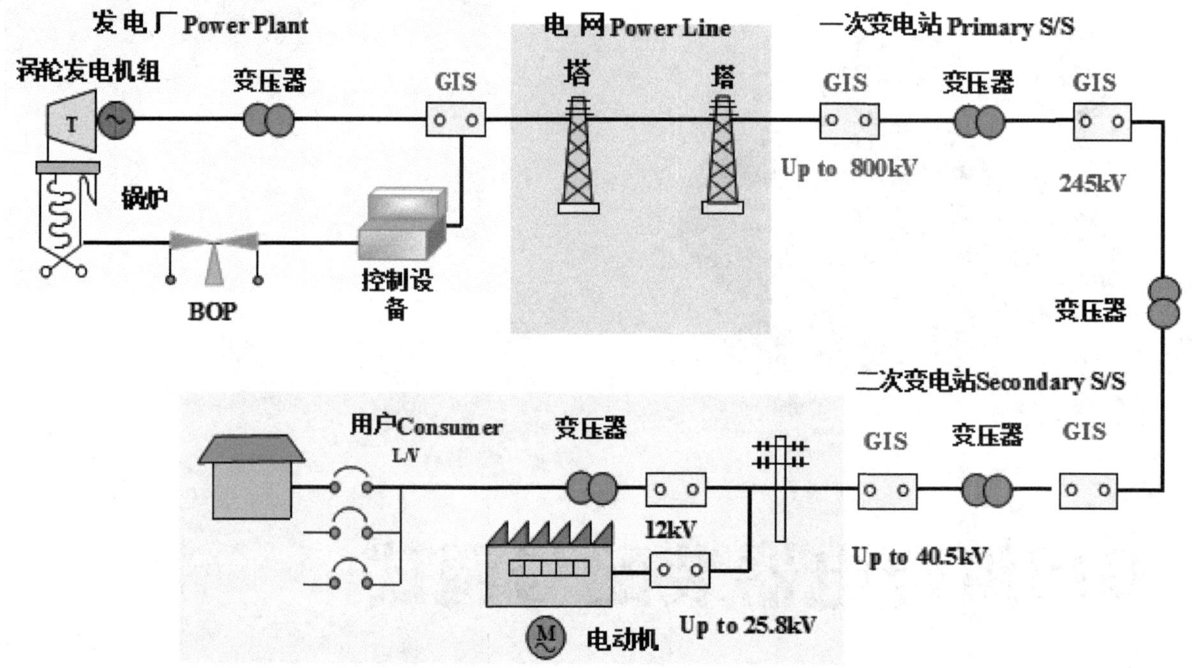

GIS是由断路器、隔离开关、接地开关、互感器、避雷器、母线、连接件和出线终端等组成的组合电器的简称，这些设备或部件全部封闭在金属接地的外壳中，在其内部充有一定压力的SF6绝缘气体，故也称SF6全封闭组合电器。

全称为gas insulated substation，简称GIS。

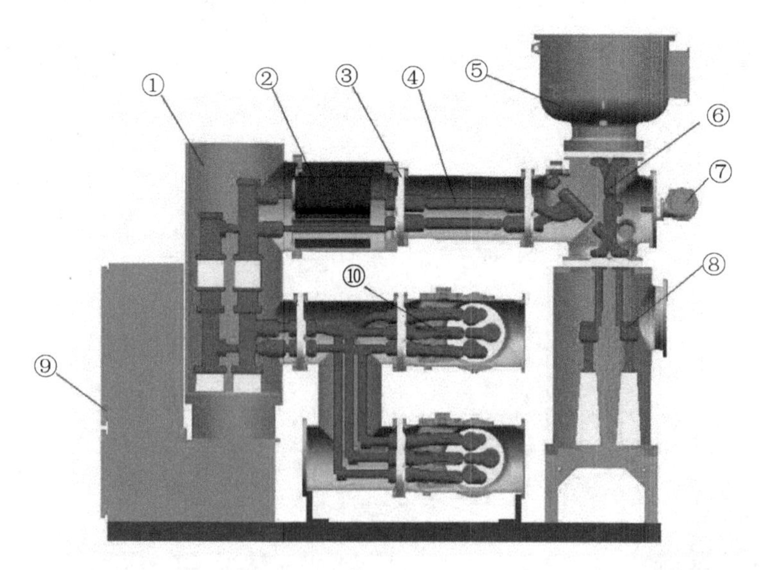

组成元件：①断路器；②电流互感器；③盆式绝缘子；④连接导体；⑤电压互感器；⑥三工位隔离开关；⑦快速接地开关；⑧电缆终端；⑨控制柜；⑩母丝三工位隔离开关。

AIS

GIS

GIS组合电器自60年代实用化以来，到目前为止，世界上已有2000台GIS在运行。实践证明，GIS运行安全可靠、配置灵活、环境适应能力强、检修周期长、安装方便。GIS不仅在高压、超高压领域被广泛应用，而且在特高压领域变电站也被使用，在我国，63～500 kV电力系统中，GIS的应用已相当广泛。

你知道GIS与常规变电站(AIS)相比，有哪些优势吗？

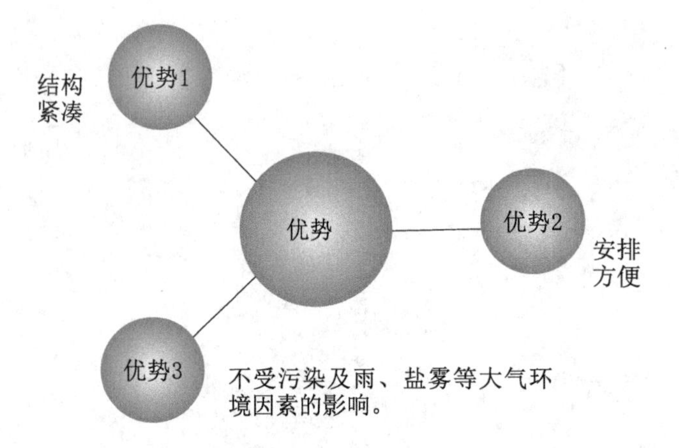

让我们认识几种不同结构的GIS吧！

72.5～145 kV GIS（ZF7A）

245 kV 全封闭组合电器型号 8DN9

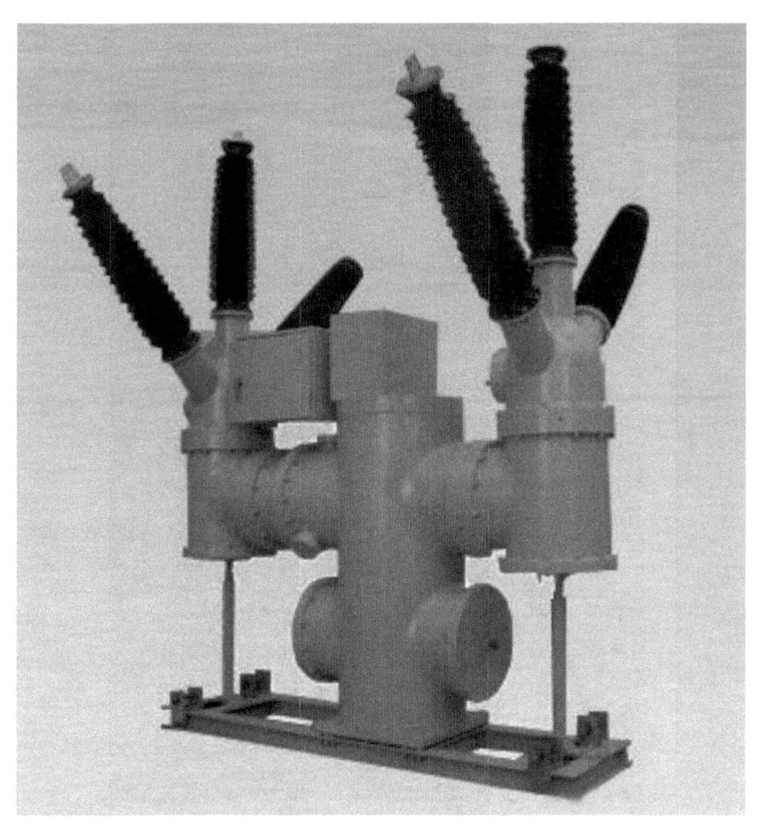

ZF-126(L)-T2000-40110kV共箱封闭式组合电器

接下来，让我们看看GIS组合电器的生产车间吧！

干净整洁的车间

GIS组合电器的装配对环境要求极高，现场清洁度要达到一定标准，保证无尘环境。

6S管理下的工具摆放及管理

你认识GIS组合电器了吗？
你知道如何进行GIS组合电器的装配吗？
你能够进行GIS组合电器的装配吗？

那我们试试吧！

项目一　ZF7A-126GIS组合电器隔离开关分装

来订单喽！

西安某开关电气有限公司接到一批GIS订单，型号为ZF7A-126，隔离开关小组现在要进行隔离开关部件的分装，时间2天，主要是进行轴密封装配、动侧装配、静侧装配和总装。

GIS内部的隔离开关和普通户外隔离开关有什么不同吗？

普通户外隔离开关

GIS组合电器内部隔离开关

隔离开关的功能有哪些？你还记得吗？

功能一：____

____。

功能二：____

____。

参阅《电力系统及设备》课程隔离开关相关内容。

下面让我们认识一下GIS组合电器内部的隔离开关吧！

1. 分类

1）按结构分直角形隔离开关和直线形隔离开关两种形式，前者用于主回路转折处，后者用于主回路非转折处（即直线处）。

直线性隔离开关（GL型DS）

直角形隔离开关（GR型DES）

2）按功能分普通隔离开关（DS）和三工位隔离开关（DES）(如上图)

2. 什么是三工位隔离开关（DES）

所谓三工位是指三个工作位置：①隔离开关主断口接通的合闸位置，②主断口分开的隔离位置，③接地侧的接地位置。　三工位隔离开关其实就是整合了隔离开关和接地开关两者的功能，并由一把刀来完成，这样就可以实现机械闭锁，防止主回路带电合地刀；传统的GIS中，隔离开关和接地开关是两个功能单元，使用电气联锁进行控制，使用三工位隔离开关，避免了误操作的可行性。

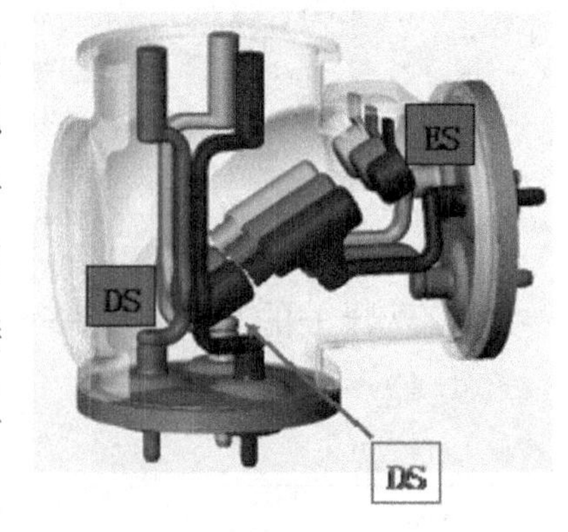

今天，我们要干什么？

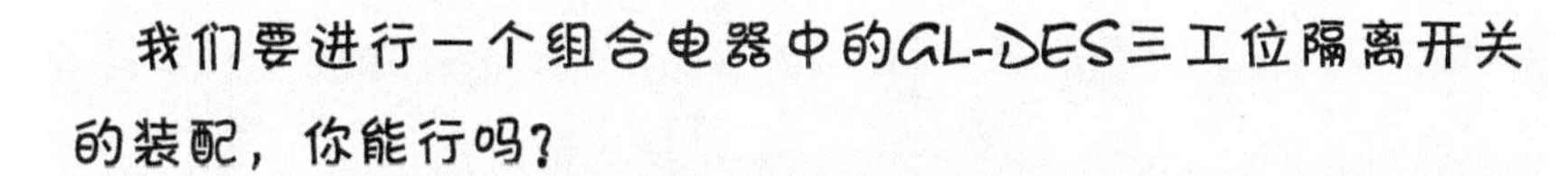

我们要进行一个组合电器中的GL-DES三工位隔离开关的装配，你能行吗？

主要部件介绍

1. 轴密封涉及部件

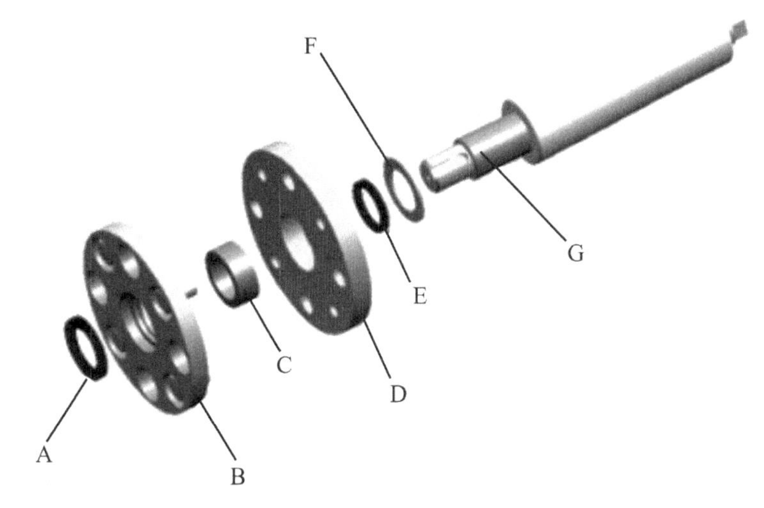

A.盆式绝缘子；B.导体；C.触头座；D. 梅花触头装配；E.屏蔽罩 ；F.触头

2. 动侧装配涉及部件

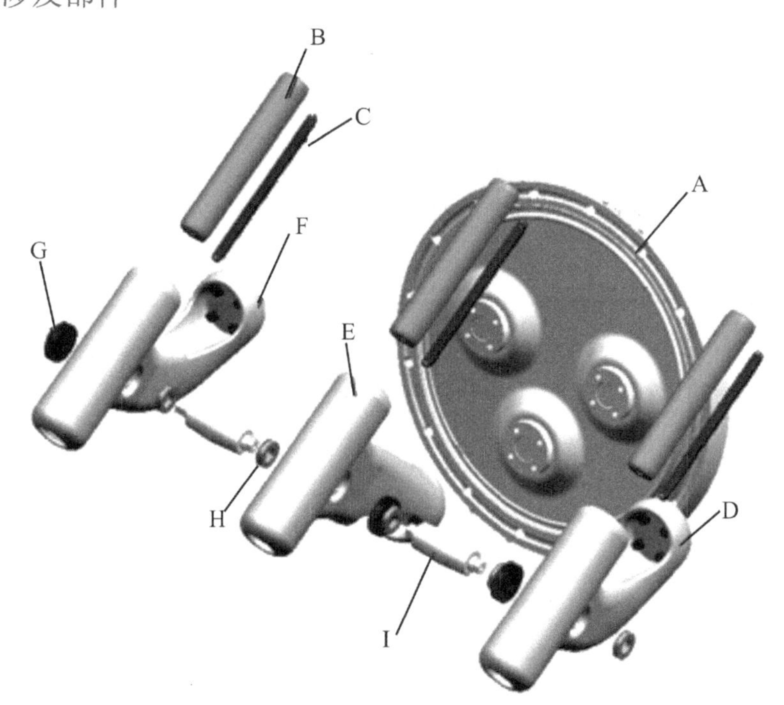

A.盆式绝缘子；B. 动触头；C.齿条 ；D.导体 ；E.导体；F.导体；G.齿轮；H.轴承；I.绝缘拉杆

3.静侧装配涉及部件

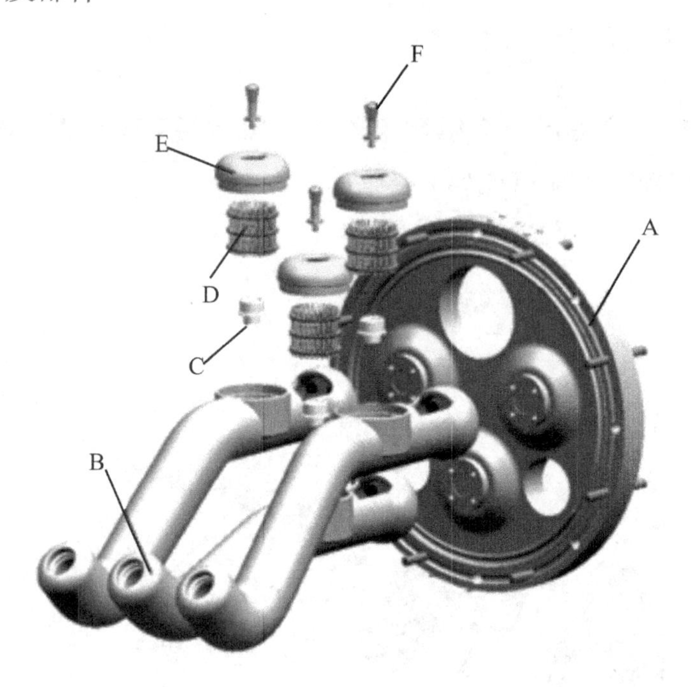

A.盆式绝缘子；B.导体；C.触头座；D. 梅花触头装配；E.屏蔽罩；F.触头

4.总装涉及部件

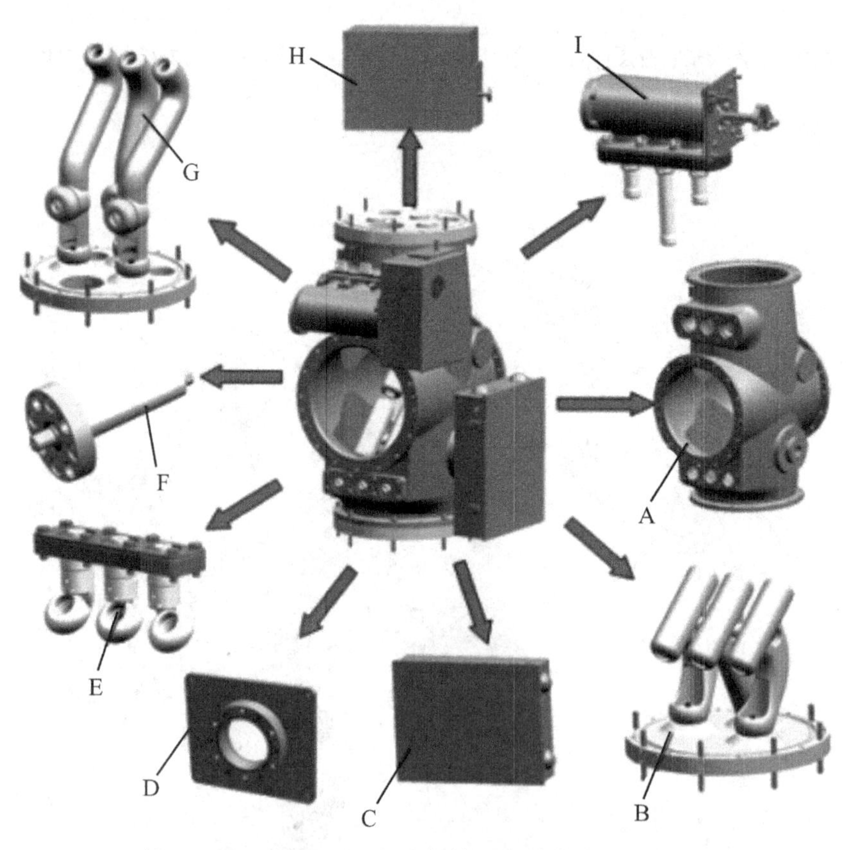

A.DS罐；B.动侧装配；C.电动机构；D.连接机构；E.接地开关；
F.轴密封；G.静侧装配；H.电动弹簧机构；I.接地开关

GL-DES隔离开关分装流程图

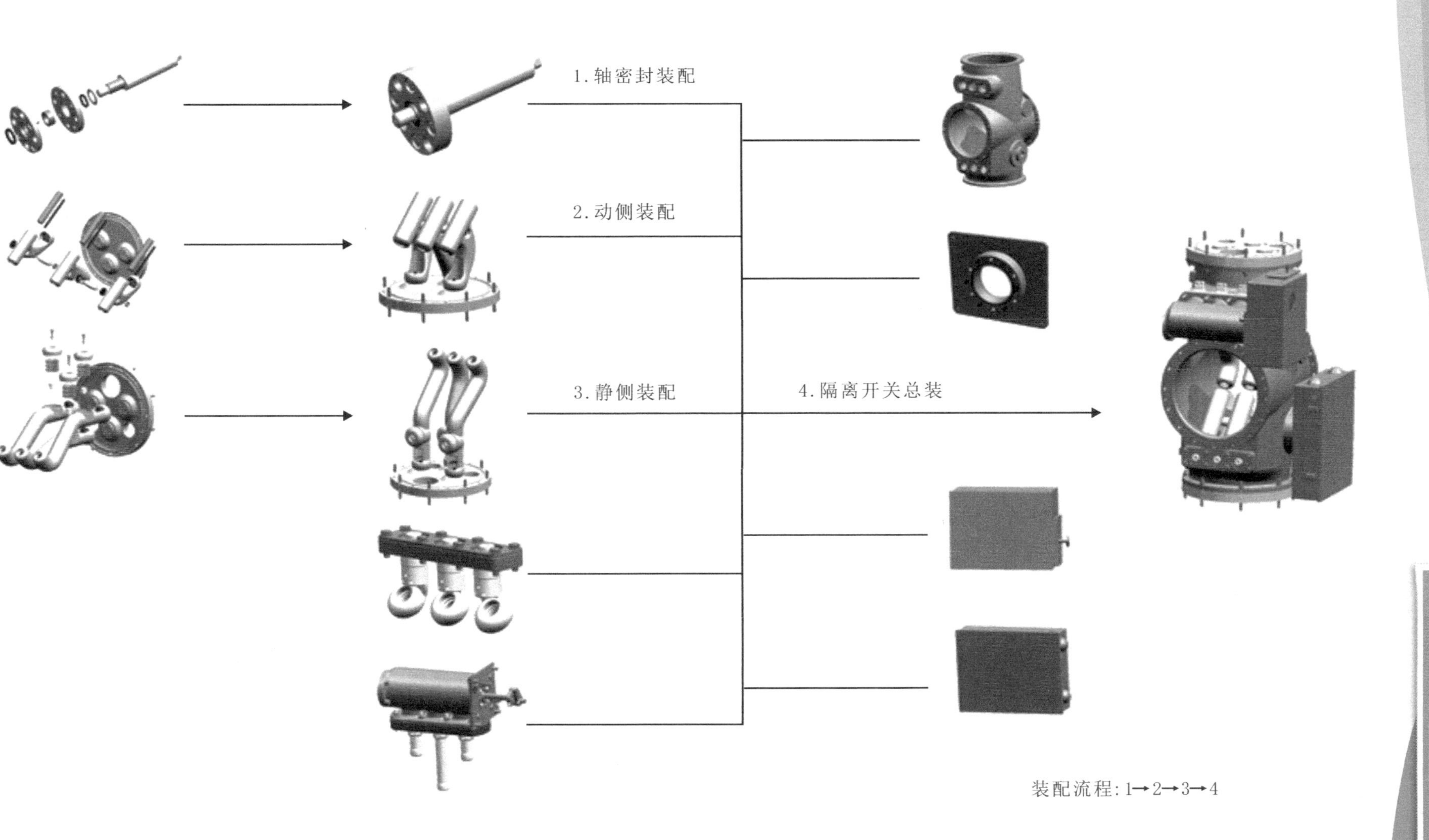

你了解了多少呢？让我来考考你！

1. 三工位隔离开关的三工位是指________________、________________、________________。

2.隔离开关分装涉及的主要部件有________________、________________、________________。

制定装配方案

对隔离开关分装你了解了吗？你能和组员协作完成一个隔离开关的分装吗？

让我们来制定一个装配方案吧！

1.在教师的引导下进行分组。

2.各小组根据下表制定装配方案。

表5　ZF7A−126GIS组合电器隔离开关分装装配方案

ZF7A−126GIS组合电器隔离开关分装装配方案	
小组名称：	小组负责人：
小组成员：	
装配流程：轴密封装配 ↘ 动侧装配 → 总装 → 隔离开关分装完成（　）；静侧装配 ↗ 总装 轴密封装配 → 动侧装配 → 静侧装配 → 总装 → 隔离开关分装完成（　） 请在你认为合理的装配流程后面打√。	

（续表）

内容		时间	人员	备注
轴密封装配	领料及准备			
	工具选择			
	盖板与轴密封外套的装配			
	绝缘拉杆安装			
动侧装配	领料及准备			
	工具选择			
	盆式绝缘子及动触头装配			
	导体装配			
	导体与盆式绝缘子的装配			
静侧装配	领料及准备			
	工具选择			
	盆式绝缘子与导体装配			
	触头装配			
总装	领料及准备			
	工具选择			
	动侧装配、静侧装配与DS罐之间的装配			
	接地开关、机构安装			
装配工艺检查	根据装配工艺检查卡进行装配质量检查			
交付现场清理	移交下一道工序			
	整理工具、打扫卫生			

3.以小组为单位汇报装配方案的思路。

4.经教师点评和小组讨论后确定最佳装配方案。

装配实施

工前准备

表6　工前准备

准备项目	检查结果
安全措施	安全帽□、工作服□、工作鞋□、工作手套□
文件资料	标准文件□、装配作业指导书□、工艺守则□

轴密封装配

1.领料及准备

1）零部件领取及检查：根据下表领取零部件，并填写正确的数量和检查结果。

序号	名称	数量	检查结果	备注
1	油封	1	规格□、外观□、光洁度□	
2	盖板		规格□、外观□、光洁度□	
3	轴承		规格□、外观□、光洁度□	
4	轴密封外套		规格□、外观□、光洁度□	
5	X行密封圈		规格□、外观□、光洁度□	
6	黄铜垫圈		规格□、外观□、光洁度□	
7	绝缘拉杆		规格□、外观□、光洁度□	

2）辅料准备：根据下表准备辅料，并填写正确的用量。

序号	名称	数量	备注
1	本顿润滑脂(硅脂)	15 g	
2	酒精		

（续表）

序号	名称	数量	备注
3	杜邦擦拭纸		
4	百洁布		
5	一次性塑料手套		

3）工位器具选择：选择正确的工位器具，填入下表。

序号	名称	规格/编号	单位
1			
2			
3			

2. 盖板与轴密封外套的装配

1）将油封安装到盖板，然后将轴承用压块压至轴密封外套

⚠ 注意：在此过程中有哪些地方需要涂敷硅脂？

2）安装轴承和X形密封圈至轴密封外套。

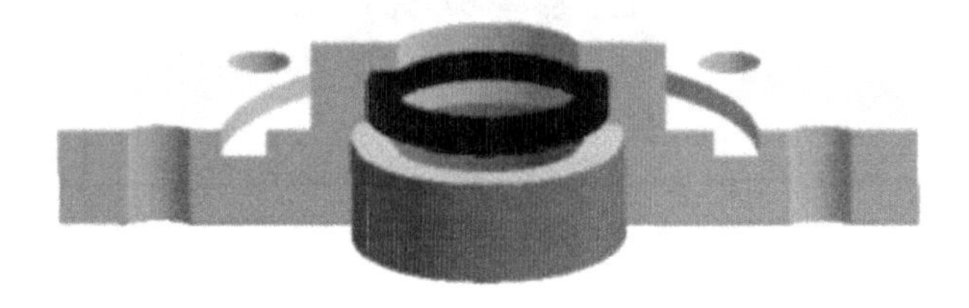

在此过程需要在 ________ 涂敷密封胶？

3）最后用螺钉和垫片将盖板和轴密封外套紧固。

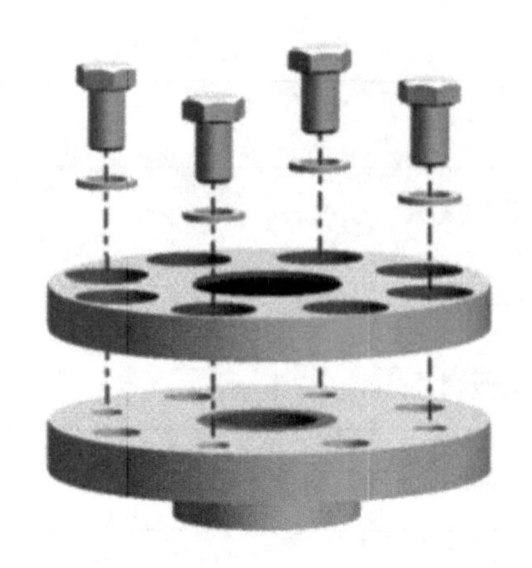

问一问

（1）此过程使用 ________ 规格的螺钉？

（2）此过程使用哪种装配工具？

温馨提示

注意紧固螺钉的力矩值！

3. 绝缘拉杆安装

将黄铜片和绝缘拉杆安装到轴密封外套。

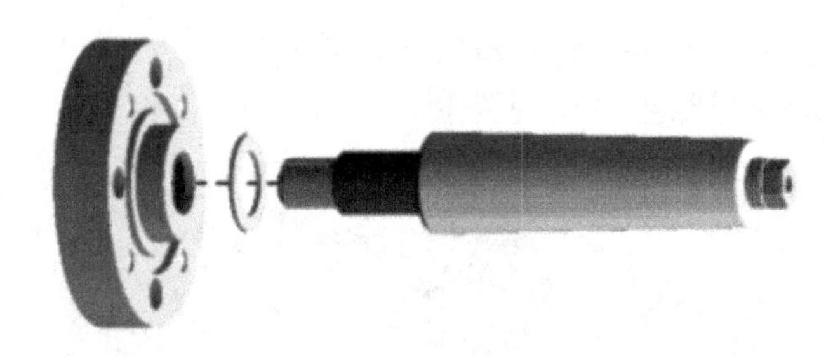

⚠ 注意：绝缘拉杆要涂覆硅脂。

你也许想知道，硅脂是什么？气体密封胶又是什么呢？

让我来告诉你！

1. 润滑硅脂是由无机稠化剂稠化合成油，并加有多种添加剂和结构改善剂精制而成

的半透明膏状物。适用于水环境中金属与金属、金属与塑料运动部件间的润滑，密封。也可用于玩具船，水枪、按摩花洒、水族箱等潮湿环境中各种滑动部件的润滑、密封、绝缘。

2. 气体密封胶是一种因随密封面形状而变形，不易流淌，有一定粘结性的密封材料，用来填充构形间隙、以起到密封作用的胶粘剂。 具有防泄漏、防水、防振动及隔音、隔热等作用。

动侧装配

1.领料及准备

1）零部件领取及检查：根据下表领取零部件，并填写正确的数量和检查结果。

序号	名称	数量	检查结果	备注
1	盆式绝缘子	1	规格□、外观□、光洁度□	
2	动触头		规格□、外观□、光洁度□	
3	齿条		规格□、外观□、光洁度□	
4	导体		规格□、外观□、光洁度□	
5	G.齿轮		规格□、外观□、光洁度□	
6	H.轴承		规格□、外观□、光洁度□	

温馨提示

注意导体数量及结构的不同。

2）辅料准备：根据下表准备辅料，并填写正确的用量。

序号	名称	数量	备注
1	厌氧胶222	0.2g	
2	VP980润滑脂		
3	酒精		
4	杜邦擦拭纸		
5	百洁布		
6	一次性塑料手套		

3）工位器具选择：根据作业指导书选择正确的工位器具，填入下表。

序号	名称	规格/编号	单位
1			
2			
3			
4			

2. 盆式绝缘子及动触头装配

安装全纹螺柱到盆式绝缘子，安装齿条至动触头，并用螺钉紧固。

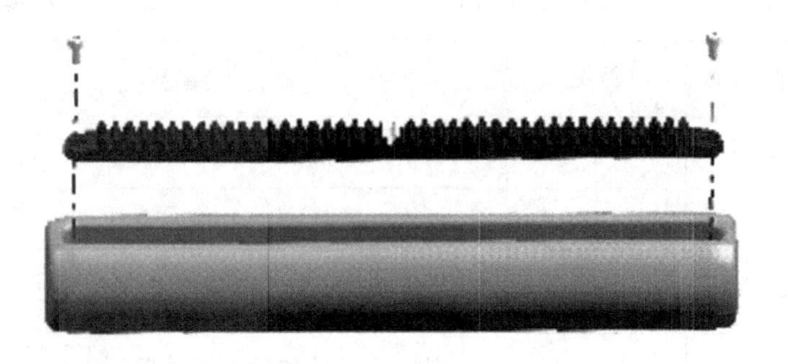

注意：

在用螺钉紧固时需要在螺纹处涂敷厌氧胶。

想想为什么要涂敷厌氧胶？

____

____。

关于厌氧胶可查询可到http://baike.baidu.com/view/291447.htm网站进行学习。

3. 导体装配

1）将弹簧触头安装到导体凹槽内。

2）使用轴承工装将轴承安装到导体中心孔，并将黄铜垫圈安装至轴承两侧。

3）将动触头安装到导体，并将齿轮安装至动触头处。

4）依次将导体和绝缘拉杆安装到一起，并使用螺钉和垫圈将导体F与绝缘拉杆紧固。

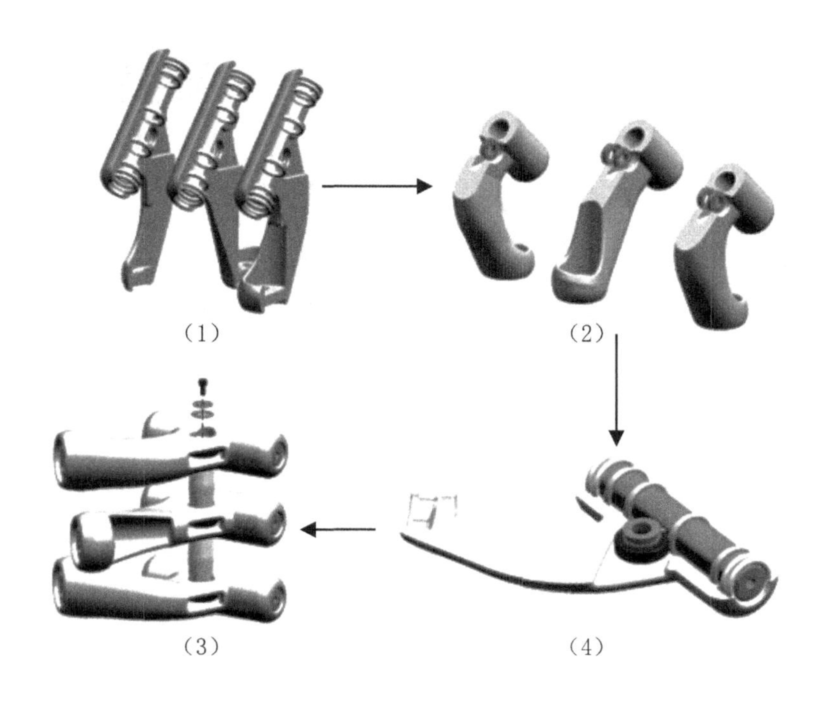

⚠ 注意：紧固时螺钉的力矩值。

装配小常识！

工装：生产过程工艺装备，指制造过程中所用的各种工具的总称。包括刀具、夹具、模具、量具、检具、辅具、钳工工具、工位器具等。

那你猜猜轴承工装是干什么的？

____

____。

4.盆式绝缘子与导体的装配

将3部分导体安装至盆式绝缘子，使用动触头对中工装定位，并使用螺钉和垫片紧固。

⚠ 注意：

动触头对中工装的使用以及螺钉紧固的力矩值。

静侧装配

1.领料及准备

1）零部件领取及检查：根据下表领取零部件，并填写正确的数量和检查结果。

序号	名称	数量	检查结果	备注
1	盆式绝缘子	1	规格□、外观□、光洁度□	
2	导体		规格□、外观□、光洁度□	
3	触头座		规格□、外观□、光洁度□	
4	梅花触头装配		规格□、外观□、光洁度□	
5	屏蔽罩		规格□、外观□、光洁度□	
6	触头		规格□、外观□、光洁度□	

温馨提示

注意导体数量及结构的不同。

2）辅料准备：根据下表准备辅料，并填写正确的用量。

序号	名称	数量	备注
1	VP980润滑脂	0.2 g	
2	酒精		
3	杜邦擦拭纸		

（续表）

序号	名称	数量	备注
4	百洁布		
5	一次性塑料手套		

3）工位器具选择：根据作业指导书选择正确的工位器具，填入下表。

序号	名称	规格/编号	单位
1			
2			
3			
4			
5			

2. 盆式绝缘子与导体装配

1）安装全纹螺柱到盆式绝缘子，安装弹簧触头至导体凹槽处

2）然后将导体安装至盆式绝缘子并紧固。

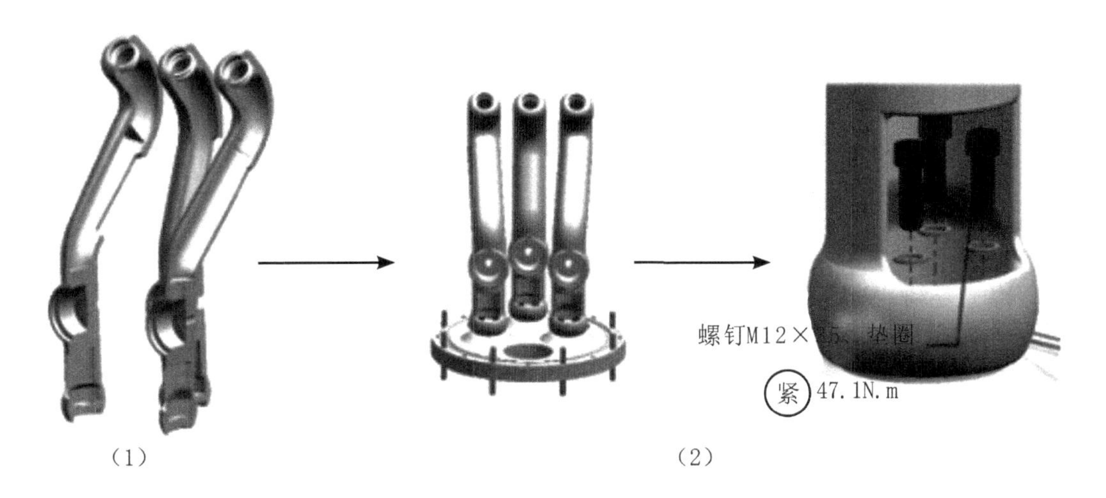

（1）　　　　（2）

问一问

在安装弹簧触头至导体凹槽处之前，应该在导体凹槽处涂敷 ________。在将导体安装至盆式绝缘子时，需要使用 ________ 定位。

2. 触头装配

1）将触头座安装至导体并紧固　2）将梅花触头安装至触头座

3）将屏蔽罩安装至导体并紧固　4）将触头安装至触头座并紧固

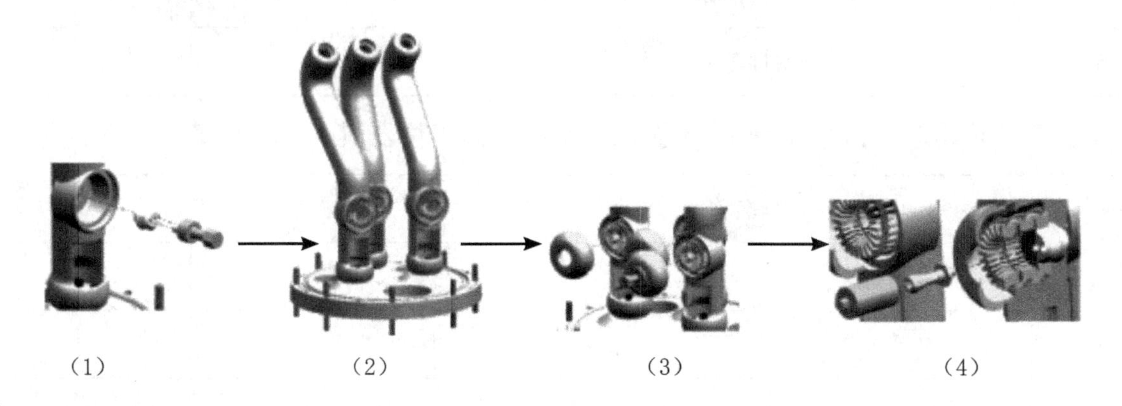

（1）　（2）　（3）　（4）

问一问

（1）在上述过程，哪些地方需要涂敷润滑脂？

____________________。

（2）在上述过程中，需要哪些特殊工装？

____________________。

总装

1.领料及准备

1）零部件领取及检查：根据下表领取零部件，并填写正确的数量和检查结果。

序号	名称	数量	检查结果	备注
1	DS罐	1	规格□、外观□、光洁度□	
2	动侧装配		规格□、外观□、光洁度□	
3	电动机构		规格□、外观□、光洁度□	
4	连接机构		规格□、外观□、光洁度□	
5	接地开关		规格□、外观□、光洁度□	
6	轴密封		规格□、外观□、光洁度□	
7	静侧装配		规格□、外观□、光洁度□	
8	电动弹簧机构		规格□、外观□、光洁度□	
9	接地开关		规格□、外观□、光洁度□	

注意导体数量及结构的不同。

2）辅料准备：根据下表准备辅料，并填写正确的用量。

序号	名称	数量	备注
1	气体密封胶	30g	
2	道康宁111		
3	VP980润滑脂		
4	酒精		
5	杜邦擦拭纸		
6	百洁布		
7	一次性塑料手套		

3）工位器具选择：根据作业指导书选择正确的工位器具，填入下表。

序号	名称	规格/编号	单位
1			
2			
3			
4			
5			

2. 动侧装配、静侧装配与DS罐之间的装配

1）安装DS罐至动侧装配，定位，紧固

2）安装轴密封至DS罐

3）安装静侧装配于DS罐，定位，紧固

4）安装绝缘法兰至DS罐

5）安装接地护盖至DS罐，并紧固

6）安装导体至绝缘法兰，紧固

7）安装弹簧触头至导体凹槽处

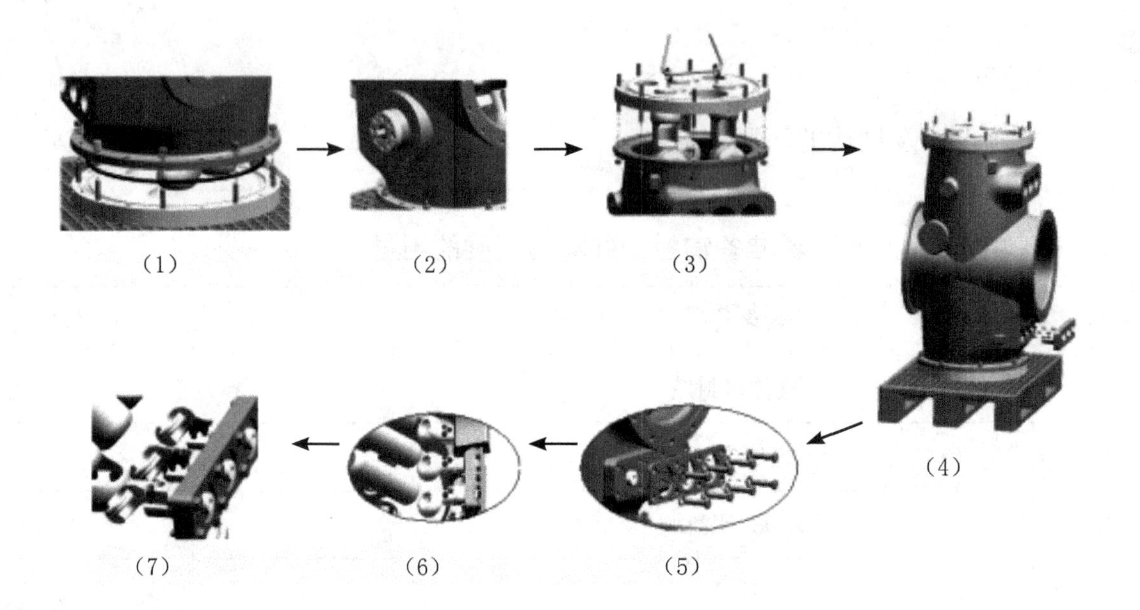

温馨提示

在此过程中，需要在DS罐的法兰密封面涂敷道康宁111，在所有的密封槽内要涂敷气体密封胶，并安装O型圈。

问一问

（1）在进行动侧装配与DS罐之间的连接时，使用____________定位，使用________紧固。

（2）在安装接地护盖时，使用规格________的螺钉紧固，紧固力矩值为________。

3. 接地开关、机构安装

1）安装接地开关至DS罐，并紧固　2）安装电动弹簧机构至接地开关

3）安装连接机构至DS罐　4）使用键和联轴器将电动机构安装至连接机构

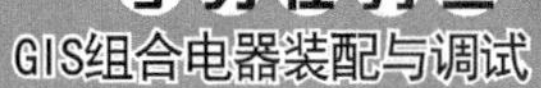

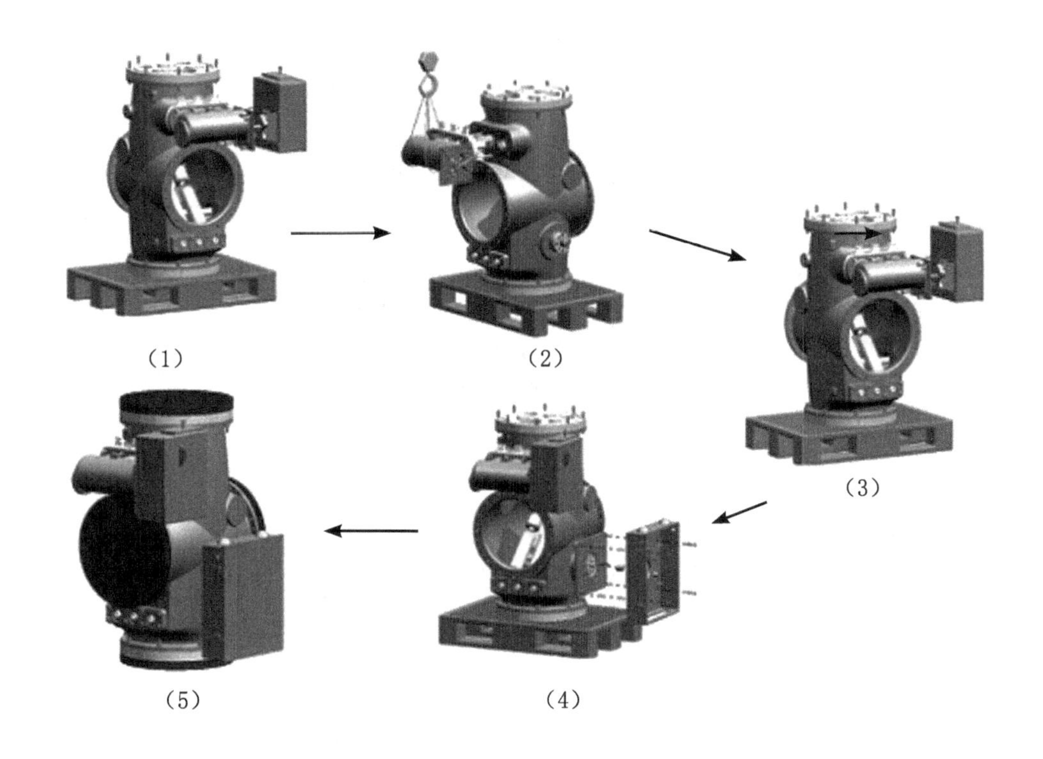

在紧固过程中，注意螺钉的规格和紧固力矩值。

你有没有一个疑问？X形密封圈和O形密封圈有什么不同？

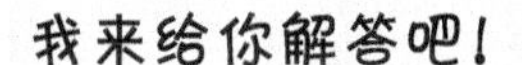

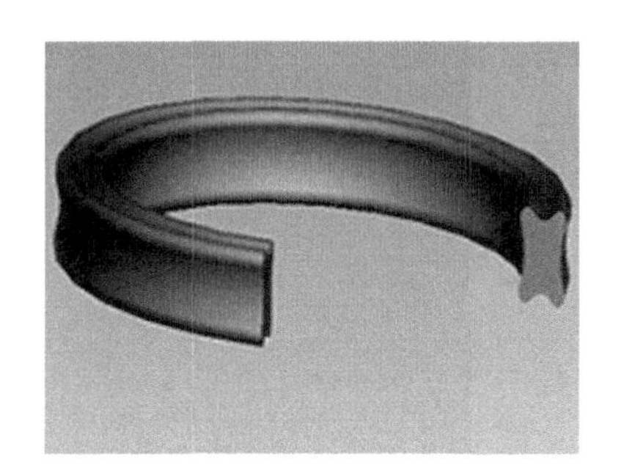

X形密封圈

X形密封圈又称星形密封圈，是一种既可以为减小摩擦力安装在专用的压缩率较小的沟槽中，但也可以用在同规格O形圈沟槽中。X形密封圈具有较低的摩擦力、能较好克服扭转、可获得更好的润滑；既可以作为在较低的速度下使用的运动密封元件，同时也适合作静密封使用。

O形密封圈

O型密封圈由一个低摩擦的填充聚四氟乙烯（PTFE）环和O形橡胶密封圈组合而成，O形圈提供足够的密封预紧力，并对PTFE环的磨耗起补偿作用。PTFE摩擦系数小，动静摩擦系数相近。适用于高低速往复运动及高压系统的油缸活塞杆密封。采用两个阶梯圈密封，可达到零泄露。

表8　涂敷SF6气体密封胶及安装O型圈的注意事项

注意事项	简图
1. 不要将SF_6气体密封胶和其他的润滑脂混合起来 2．上下法兰接触部的外周溢出的SF_6气体密封胶要用刮胶板擦干净 3．SF_6气体侧的密封面不使用（高低压间的密封面等）见图1 4．在有防爆膜的场合，对于防爆膜的密封圈安装面也要涂敷，见图2 5．SF_6气体密封胶保管时盖子一定要盖严 6．凡是在现场装配的部位厂里不涂敷	SF6气体密封胶　大气侧 ⇦ ⇨ SF6气体侧 图1 SF6气体密封胶　大气侧　防爆膜　SF6气体侧 图2

表9　SF6气体密封胶的涂敷要领

序 号	简 图	注意事项
1		涂敷密封胶时，应将密封胶喷嘴放在适当的位置上斜着切断
2	清理密封槽	将密封槽清理干净 把溶剂擦掉后干燥
3	密封胶 大气侧 SF6气体侧 A 保护盖	在大气侧的A部位使用喷嘴涂敷密封胶
4	A	用手指把A部位的密封胶抹均匀
5	大气侧 5 SF6气体侧 密封胶 O型圈	安装密封圈

终于装配完成了，这其中遇到了什么问题吗？怎么解决的？

写下来吧！

____

____

____

____

____

____。

装配检查

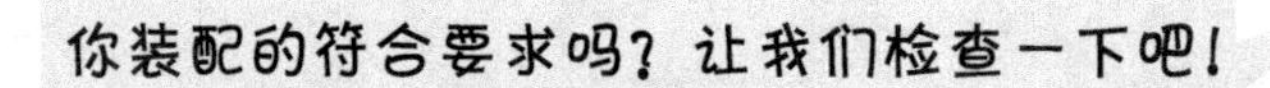

根据装配检查卡的检查项目及要求进行装配工艺的检查。

装配检查卡片

产品型号	GIS021	零(部)件代号		第 1 页
产品名称	DS. ES. FES	零(部)件名称	隔离开关静触头（GL型）	共 2 页

工作号		出厂编号		用户		第 台(间隔)	完成日期	年 月 日

现场问题处理记录　　签字　　年　月　日

序号	项目	自检	抽检	专检
1	(光)(清)			
2	(屏) 加热220℃-240℃压入			
3	(紧)△ 47. 1N.m			
4	(V)△(紧)▲ 294N.m			
5	(梅)(装)*			
6	(紧)△ 27. 5N.m			
7	(梅)(装)*			
8	(紧)△ 27. 5N.m			
9	见表			
10	见表			
	(完)▲			

序号	力矩扳手编号
3	
4	
6	
8	
9	
10	

会签

标记	处数	更改文件号	签字	日期	编制	日期	校核	日期	审定	日期

0KA. 605 226

	装配检查卡片	产品型号	GIS021	零(部)件代号		第 2 页
		产品名称	DS. ES. FES	零(部)件名称	隔离开关静触头（GL型）	共 2 页

工作号		出厂编号		用户		第 台(间隔)	完成日期	年 月 日
现场问题处理记录	签字 年 月 日							

序号	项 日	自检	抽检	专检

图号	序号9内容	序号10内容
5KA. 720. 059. 1	(屏) 加热220℃-240℃压入	(屏) 加热220℃-240℃压入
5KA. 720. 059. 2	(屏) 加热220℃-240℃压入	(屏)(V)(紧)▲294N.m
5KA. 720. 059. 3	(屏)(V)(紧)▲294N.m	(屏)(V)(紧)▲294N.m
5KA. 720. 064	(屏)(V)(紧)▲294N.m	(屏) 加热220℃-240℃压入
5KA. 720. 113. 1	(屏) 加热220℃-240℃压入	(屏) 加热220℃-240℃压入
5KA. 720. 113. 2	(屏) 加热220℃-240℃压入	(屏)(V)(紧)▲294N.m
5KA. 720. 114. 1	(屏)(V)(紧)▲294N.m	(屏) 加热220℃-240℃压入
5KA. 720. 114. 2	(屏)(V)(紧)▲294N.m	(屏)(V)(紧)▲294N.m

会签

标记	处数	更改文件号	签字	日期	编制	日期	校核	日期	审定	日期

0KA. 605 226

这可只是沧海一粟，装配检查卡片会作为学习材料在课堂全部发给你噢！

你知道检查卡片上的检查项目代表什么意思吗？

去看看项目一的这部分内容吧！试着填填下面的内容吧！

首先：写出下列代号的含义！

㊚测 ______	铆 ______	装 ______
油 ______	清 ______	漏 ______
间 ______	伤 ______	滑 ______

其次：想一想：下列代号所代表的具体检查内容是什么？

填：______。

绝：______。

梅：______。

粘：______。

项目总结

任务结束了，想想你学会了些什么？

想想GIS有哪些优点？

______

____

____

____

____。

我有哪些收获吗？

____

____

____

____

____。

在进行GIS内部隔离开关分装时，哪些地方需要涂敷密封胶和安装O型圈呢？

____

____

____

____

____。

我和组员之间的合作愉快吗？我们的沟通交流顺畅吗？

____

____

____

____

____。

项目二 ZF7A-126GIS组合电器中断路器分装

来订单喽！

西安某开关电气有限公司接到一批GIS订单，型号为ZF7A-126，断路器小组现在要进行断路器部件的分装，时间3天，主要是进行支持板装配、轴密封装配、下部罐分装和总装。

GIS内部的断路器和普通户外断路器有什么不同吗？

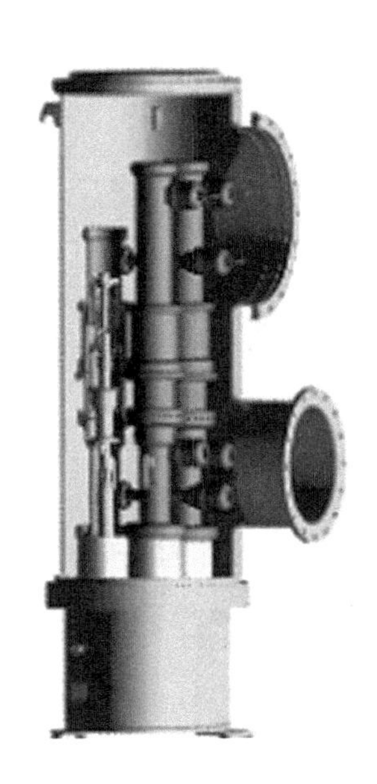

试着写一写吧！

____

____

____

____。

参阅《电力系统及设备》课程断路器相关内容。

下面让我们认识一下GIS组合电器内部的断路器吧！

1. GIS组合电器中断路器的结构

断路器外壳采用金属铝材料经铸造加工而成。其具有很强的防腐蚀与抗氧化作用，并具有比同等钢板高的机械强度，抗电磁干扰能力强，不容易形成涡流损耗。其结构由灭弧室和下部罐组成，透明部分是它的基本结构，如图2所示。断路器可配备液压/全弹簧/气动机构。配液压机构及气动机构可实现断路器三相机械联动。

图2 ZF7A-126型GIS组合电器断路器部分结构示意图

2.功能单元说明

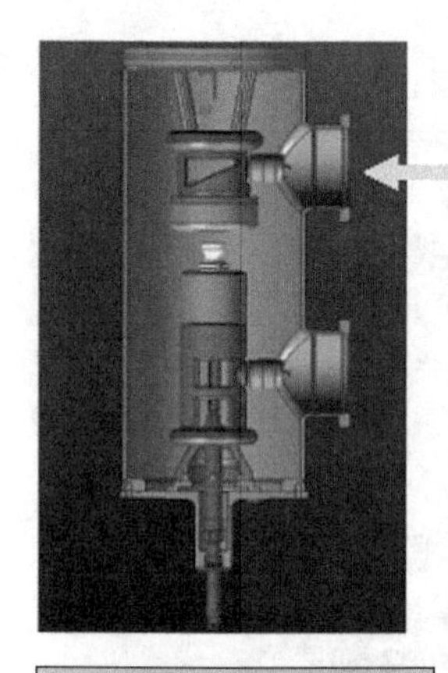

自能式灭弧室：最大限度地利用电弧自身的能量，加热膨胀室中SF6。气体，提高膨胀室气体的压力，在喷口中形成高速气流，与电弧发生强烈的热交换，当电流过零时达到熄弧目的。

GIS组合电器断路器部分功能单元

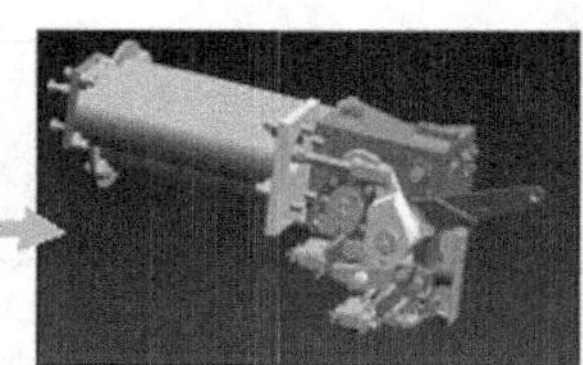

弹簧机构：弹簧操动机构是一种以弹簧作为储能元件的机械式操动机构。

机构室可装配弹簧机构或液压机构

液压机构：以气体储能，以高压油推动活塞进行分、合闸操作的机构。

下部罐：下部罐体由支撑板和轴密封组成，主要进行机械力传递的同时防止水分，灰尘等外界杂质的侵入和绝缘介质的溢出。

今天，我们要干什么？

我们要进行一个组合电器中的断路器的装配，你能行吗？

首先让我们看一下断路器分装所涉及到的部件

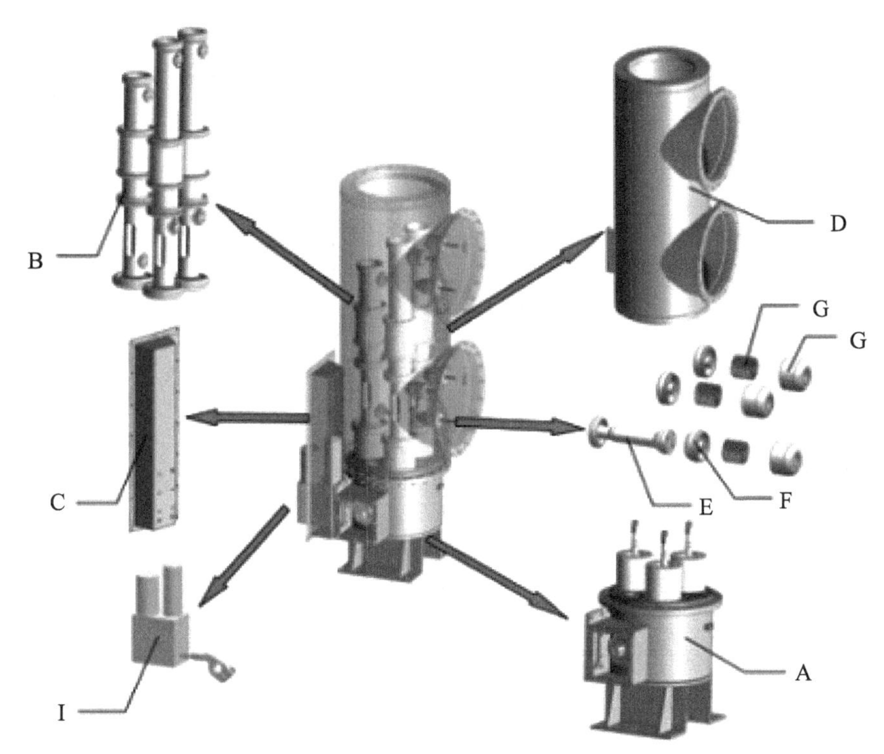

A.下部罐支撑；B.灭弧室；C.后板；D.大罐；E.导体；F.触头座；G.梅花触头；H.屏蔽罩；I.机构

断路器分装流程图

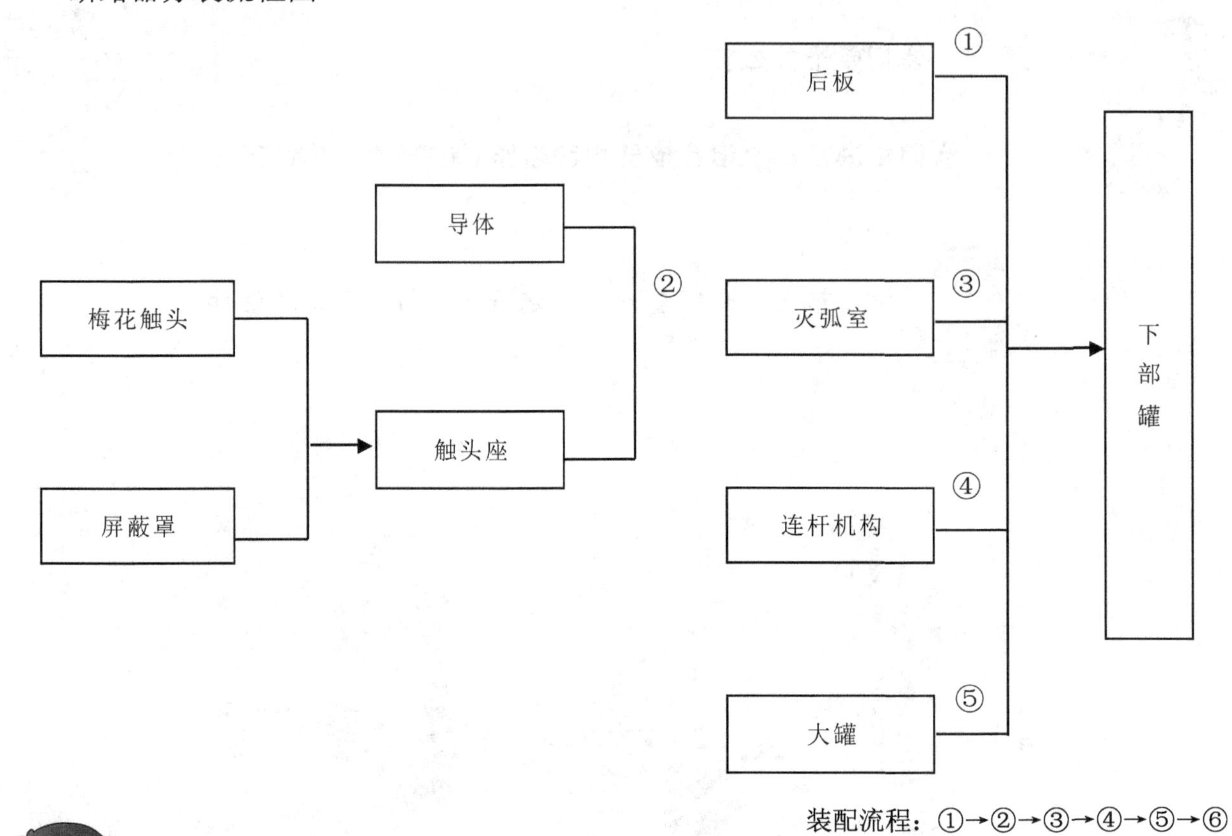

装配流程：①→②→③→④→⑤→⑥

你了解了多少呢？让我来考考你！

1. 断路器分装涉及的主要部件有＿＿＿＿＿＿＿＿＿＿＿＿＿＿＿、＿＿＿＿＿＿＿＿＿＿＿＿、＿＿＿＿＿＿＿＿＿＿＿＿＿。

2.下部罐由＿＿＿＿＿＿＿＿＿和＿＿＿＿＿＿＿＿＿两大部分组成，主要作用是＿＿＿＿＿＿＿＿＿＿＿＿＿＿＿。

制定装配方案

对断路器分装你了解了吗？你能和组员协作完成一个断路器的分装吗？

让我们来制定一个装配方案吧！

1．在教师的引导下进行分组。

2．各小组根据下表制定装配方案。

表1　ZF7A－126GIS组合电器断路器分装装配方案

<table>
<tr><th colspan="5">ZF7A-126GIS组合电器断路器分装装配方案</th></tr>
<tr><td colspan="3">小组名称：</td><td colspan="2">小组负责人：</td></tr>
<tr><td colspan="5">小组成员：</td></tr>
<tr><td colspan="5">装配流程：灭弧室分装
下部罐分装 → 总装 → 断路器分装完成（　　）

灭弧室分装 → 下部罐分装 → 总装 → 隔离开关分装完成（　　）
请在你认为合理的装配流程后面打√。</td></tr>
<tr><th colspan="2">内容</th><th>时间</th><th>人员</th><th>备注</th></tr>
<tr><td rowspan="7">总装</td><td>领料及准备</td><td rowspan="4"></td><td rowspan="4"></td><td rowspan="4"></td></tr>
<tr><td>工具选择</td></tr>
<tr><td>后板与下部罐的装配</td></tr>
<tr><td>灭弧室与下部罐装配</td></tr>
<tr><td>机构及连杆的装配</td><td></td><td></td><td></td></tr>
<tr><td>大罐与下部罐装配</td><td></td><td></td><td></td></tr>
<tr><td>梅花触头、屏蔽罩装配</td><td></td><td></td><td></td></tr>
<tr><td>装配工艺检查</td><td>根据装配检查卡进行装配项目检查</td><td></td><td></td><td></td></tr>
<tr><td rowspan="2">交付现场清理</td><td>移交下一道工序</td><td rowspan="2"></td><td rowspan="2"></td><td rowspan="2"></td></tr>
<tr><td>整理工具、打扫卫生</td></tr>
</table>

3.以小组为单位汇报装配方案的思路。

4.经教师点评和小组讨论后确定最佳装配方案。

装配实施

方案制定好了，那么让我们开始吧！

工前准备

表2　工前准备

准备项目	检查结果
安全措施	安全帽□、工作服□、工作鞋□、工作手套□
文件资料	标准文件□、装配作业指导书□、工艺守则□

轴密封装配

1.领料及准备

1）零部件领取及检查：根据下表领取零部件，并填写正确的数量和检查结果。

序号	名称	数量	检查结果	备注
1	下部罐支撑	1	规格□、外观□、光洁度□	
2	灭弧室		规格□、外观□、光洁度□	
3	后板		规格□、外观□、光洁度□	
4	大罐		规格□、外观□、光洁度□	
5	导体		规格□、外观□、光洁度□	
6	触头座		规格□、外观□、光洁度□	
7	梅花触头		规格□、外观□、光洁度□	
8	屏蔽罩		规格□、外观□、光洁度□	
9	机构		规格□、外观□、光洁度□	

2）辅料准备：根据下表准备辅料，并填写正确的用量。

序号	名称	数量	备注
1	厌氧胶271	0.2g	
2	7501真空硅脂		
3	酒精		
4	杜邦擦拭纸		
5	百洁布		
6	一次性塑料手套		
7	白色密封胶1527W		
8	303胶		

3）工位器具选择：选择正确的工位器具，填入下表。

序号	名称	规格/编号	单位
1			
2			
3			

2. 后板与下部罐的装配

1）将密封垫粘接至后板

2）使用螺栓、螺母和垫圈将后板紧固至下部支撑

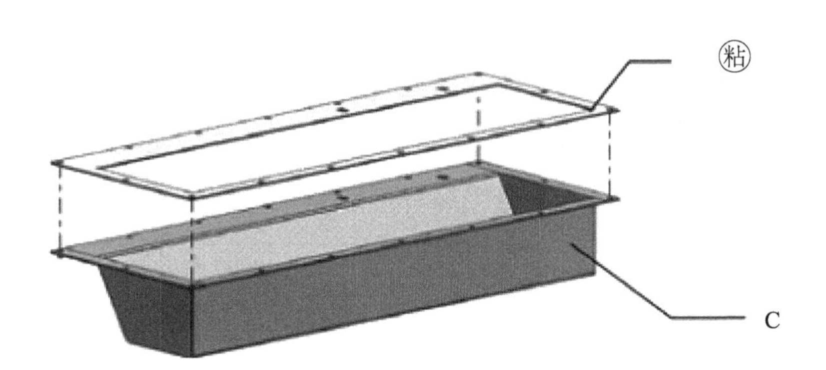

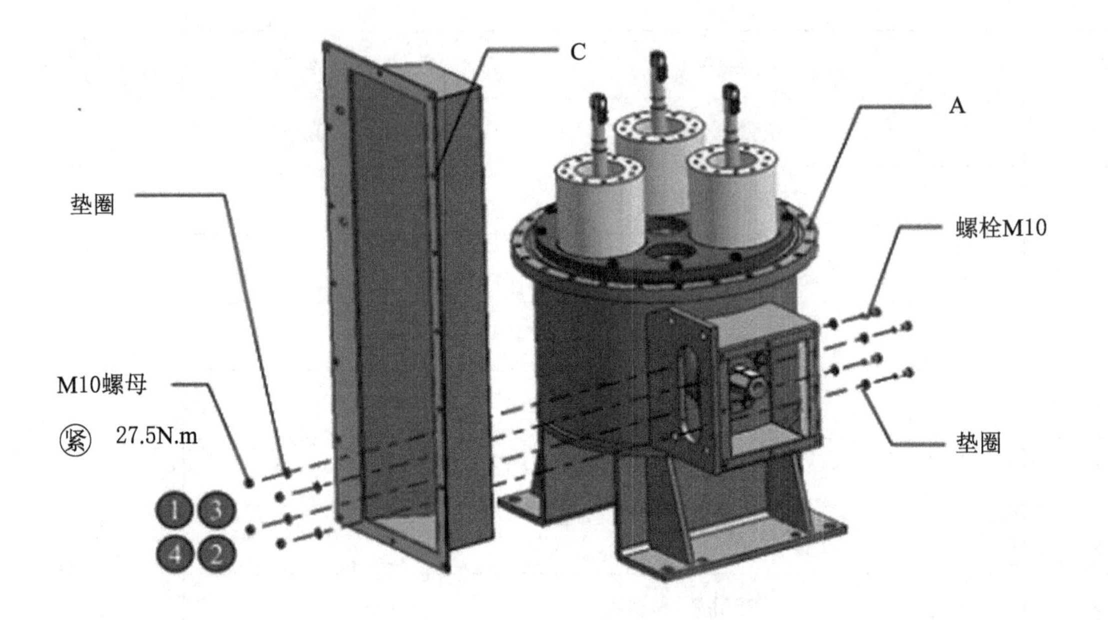

温馨提示

注意涂覆303胶的地方，该胶黏剂用于橡胶、皮革、金属间的粘接

想一想

还记得么？在进行螺母紧固时，一般采用什么器具可以实现对紧固力的要求？

____

____

____

3.灭弧室与下部罐装配

1）使用螺钉、垫圈将导体和触头座紧固至灭弧室。

2）吊装灭弧室至下部罐后，使用销将活塞杆与绝缘杆连接起来。

3）之后使用螺钉、垫圈将板紧固至绝缘杆同时将灭弧室紧固至下部罐。

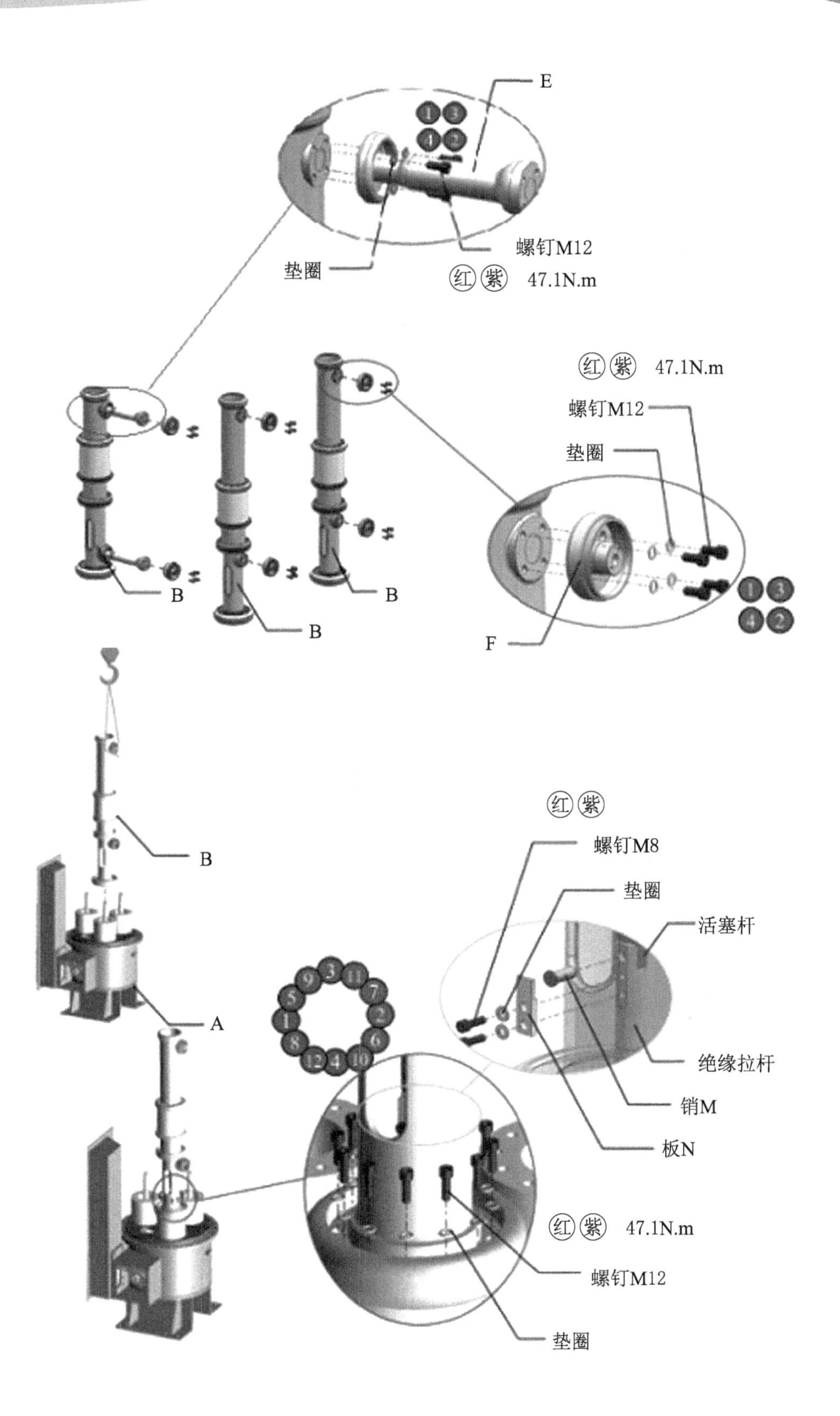

A—下部罐 B—灭弧室 E—导体 F—触头座

想一想

1.在此过程中有哪些地方需要涂敷厌氧胶？

2.在灭弧室装配的第一个步骤中为什么只在一相上安装有导体呢？

4.机构及连杆的装配

1）安装拐臂至六方轴，预装螺栓和垫圈但不紧固。

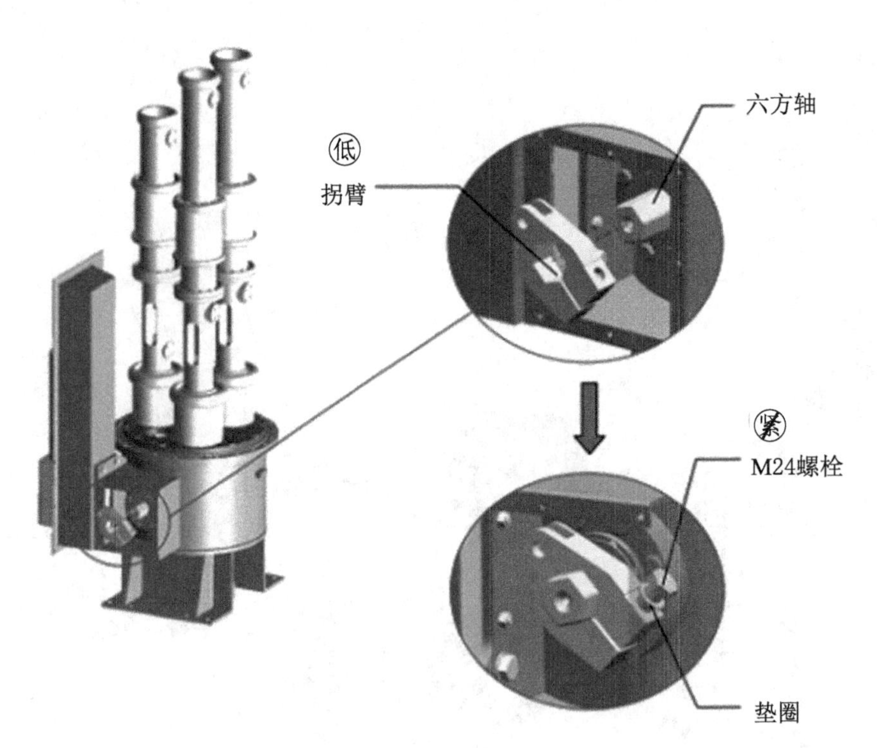

⚠注意：

安装螺栓前先确认断路器分合闸状态及拐臂的安装方向正确。

2）将复合轴套压入连杆及拐臂后安装螺母、夹叉至连杆。之后使用圆柱销连接连杆与机构拐臂，并将弹性挡圈安装至圆柱销两端销槽。

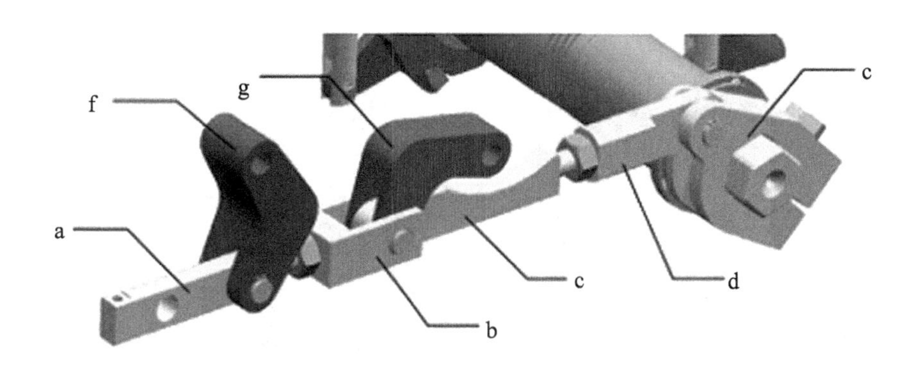

a—连杆　b—夹叉　c—连杆　d—连杆　e—拐臂　f—机构拐臂　g—机构拐臂

在本部装配过程中需不需要涂覆润滑脂？需要在哪些部位涂覆？

____

____

____

3）使用圆柱销将连杆与拐臂连接起来，之后将弹性挡圈安装至圆柱销两端的销槽并紧固拐臂上的螺栓。在连接处加垫黄铜垫。

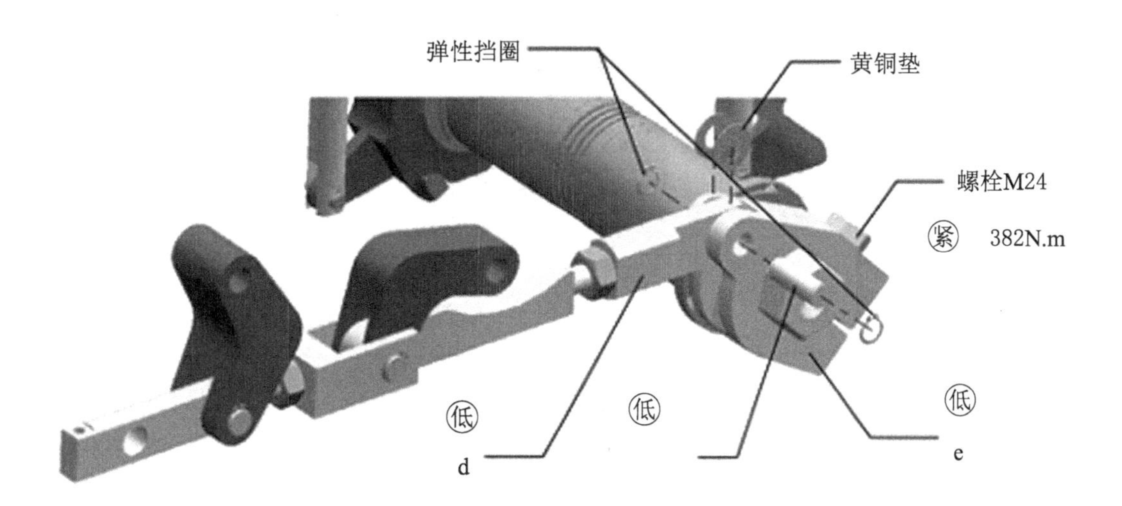

⚠ 注意：

1.连杆d两侧垫圈应一致；

2.调整拐臂位置，使连杆运动无卡塞现象，再紧固M24螺栓。

4) 调整连杆长度及拐臂角度，保证分合闸尺寸后紧固螺栓、连杆螺母及下部罐螺钉。

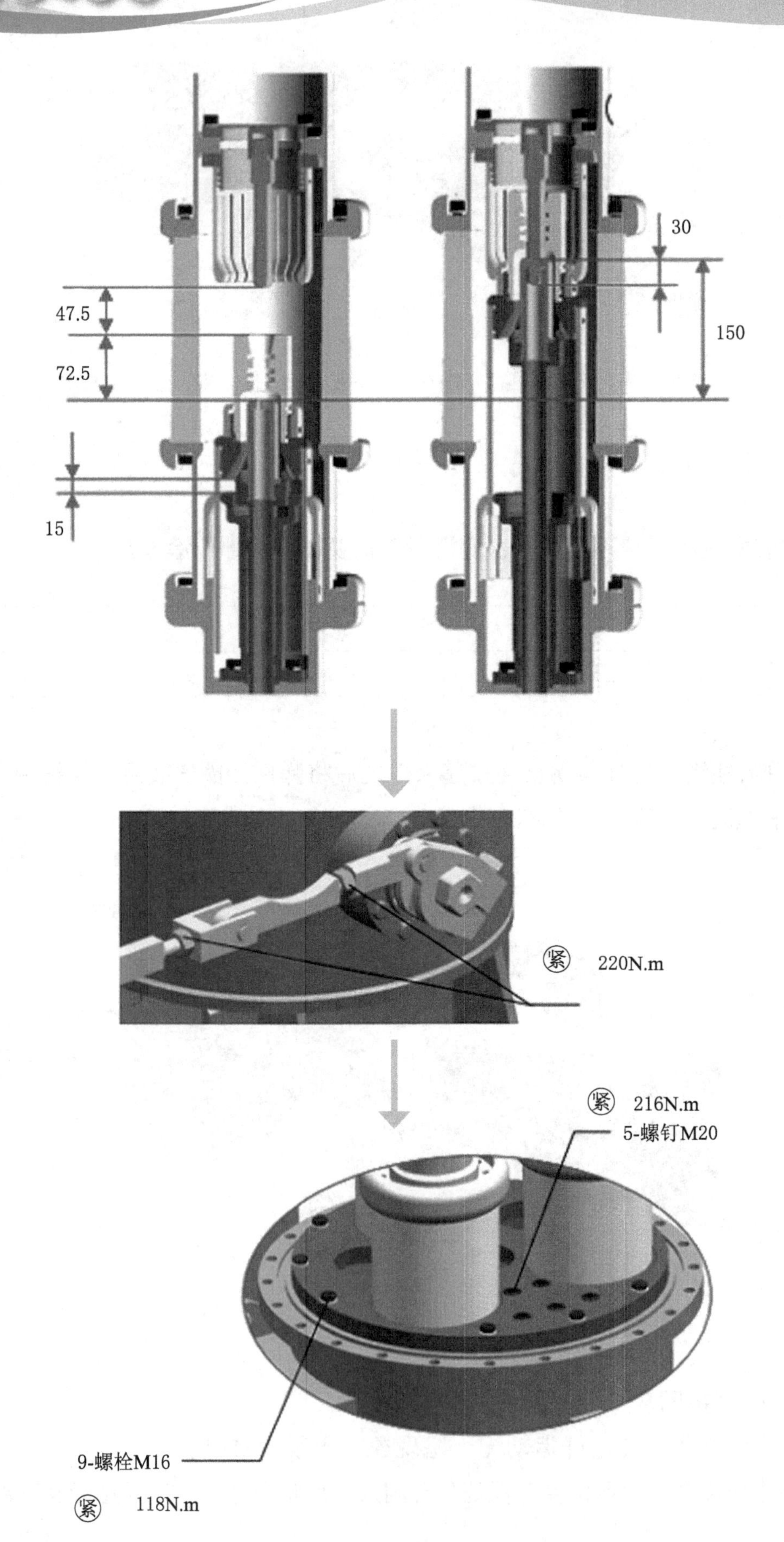

47.5
72.5
15
30
150
紧 220N.m
紧 216N.m
5-螺钉M20
9-螺栓M16
紧 118N.m

这里需要特别注意：用手动工装分合几次，并确认支持板与下部罐对中合适，无卡滞问题后，再进行紧固哦。

还记得什么是工装吗？请参阅GIS隔离开关分装章节。

5.大罐与下部罐装配

1) 安装密封圈至下部罐的密封槽内

2) 使用螺栓、垫圈将大罐紧固至下部罐

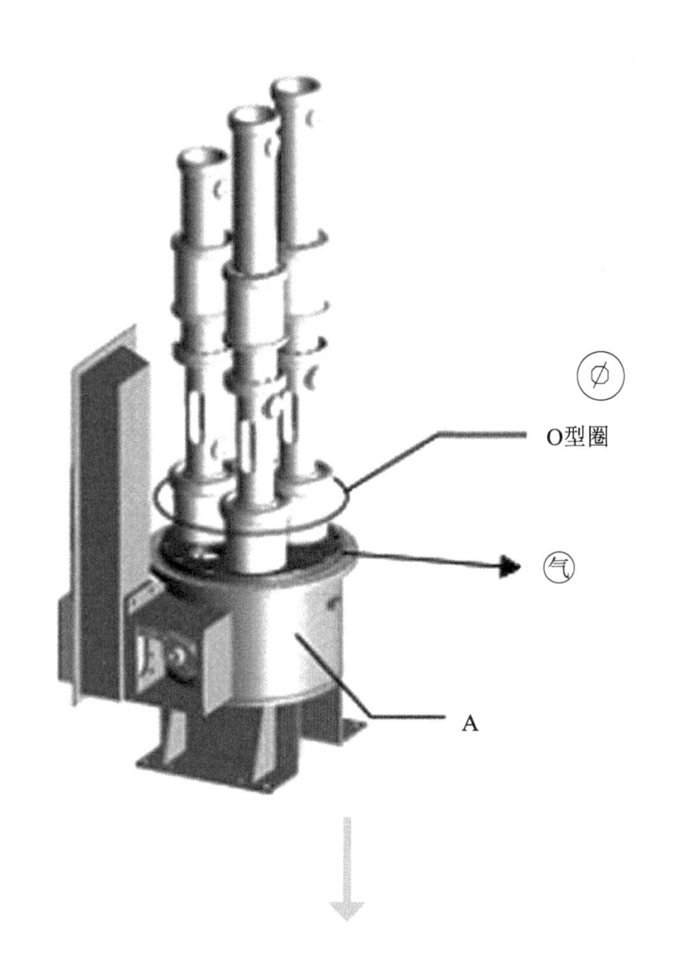

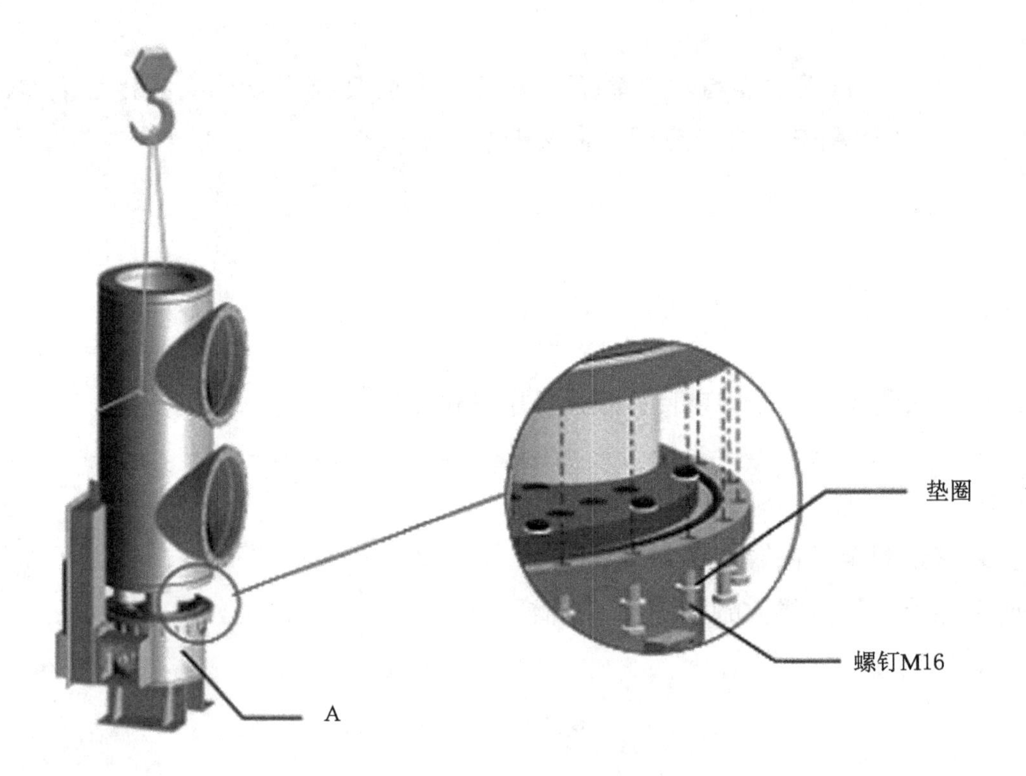

问一问

1.你还记得什么是气体密封胶吗？你知道在什么地方需要涂敷吗？

____

____

2.如何知道螺钉的规格和保证紧固力矩值？

____

____

6. 梅花触头、屏蔽罩装配

1）安装梅花触头至触头座

2）使用导向销及垫圈将梅花触头紧固至触头座

3）加热屏蔽罩并使用石棉手套将屏蔽罩安装至触头座

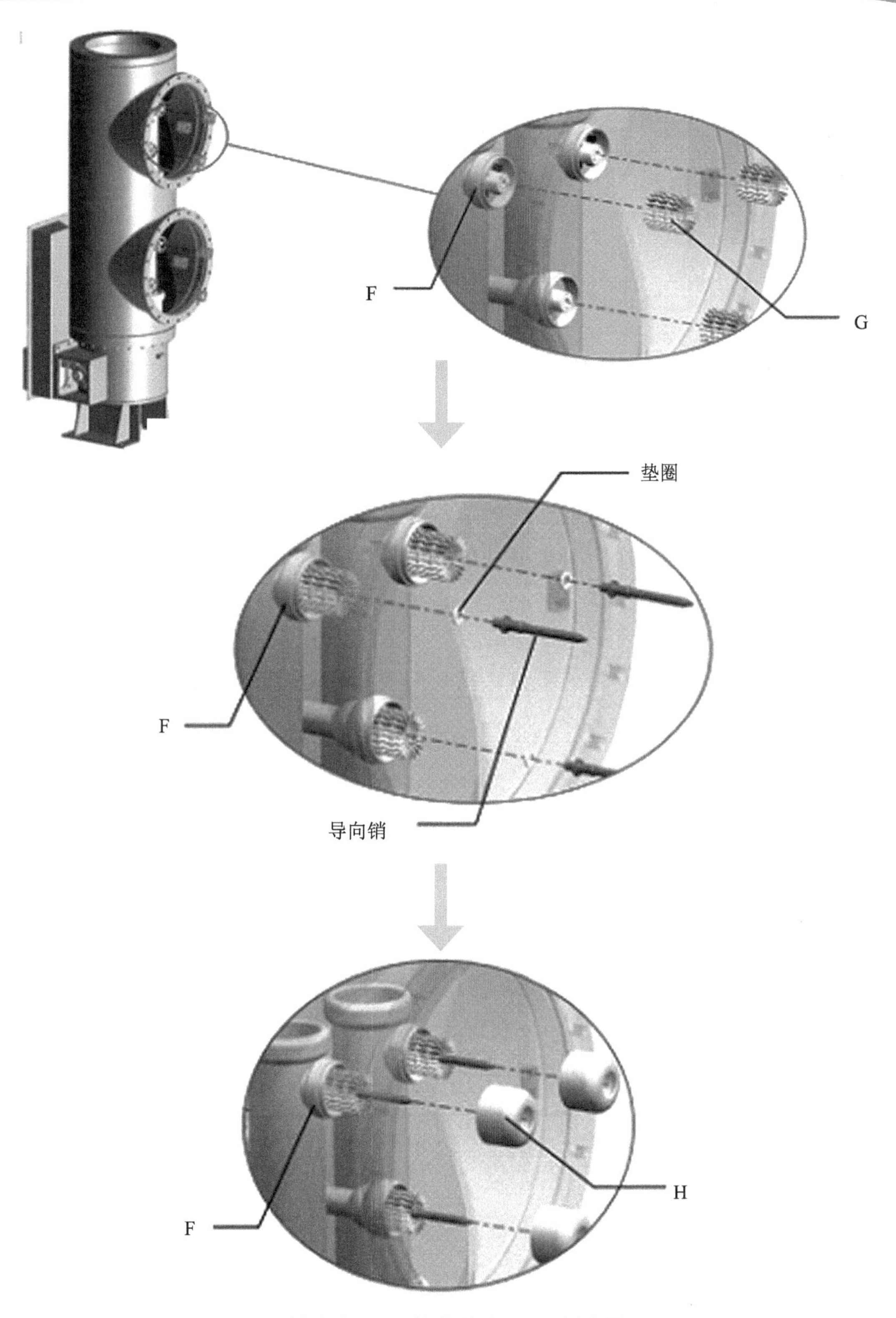

F—触头座　G—梅花触头　H—屏蔽罩

在此过程中，需要导向销螺纹处涂敷厌氧胶271，在紧固过程中，注意螺钉的规格和紧固力矩值。

装配检查

你装配的断路器符合要求吗？让我们检查一下吧！

根据装配检查卡的检查项目及要求进行装配工艺的检查。

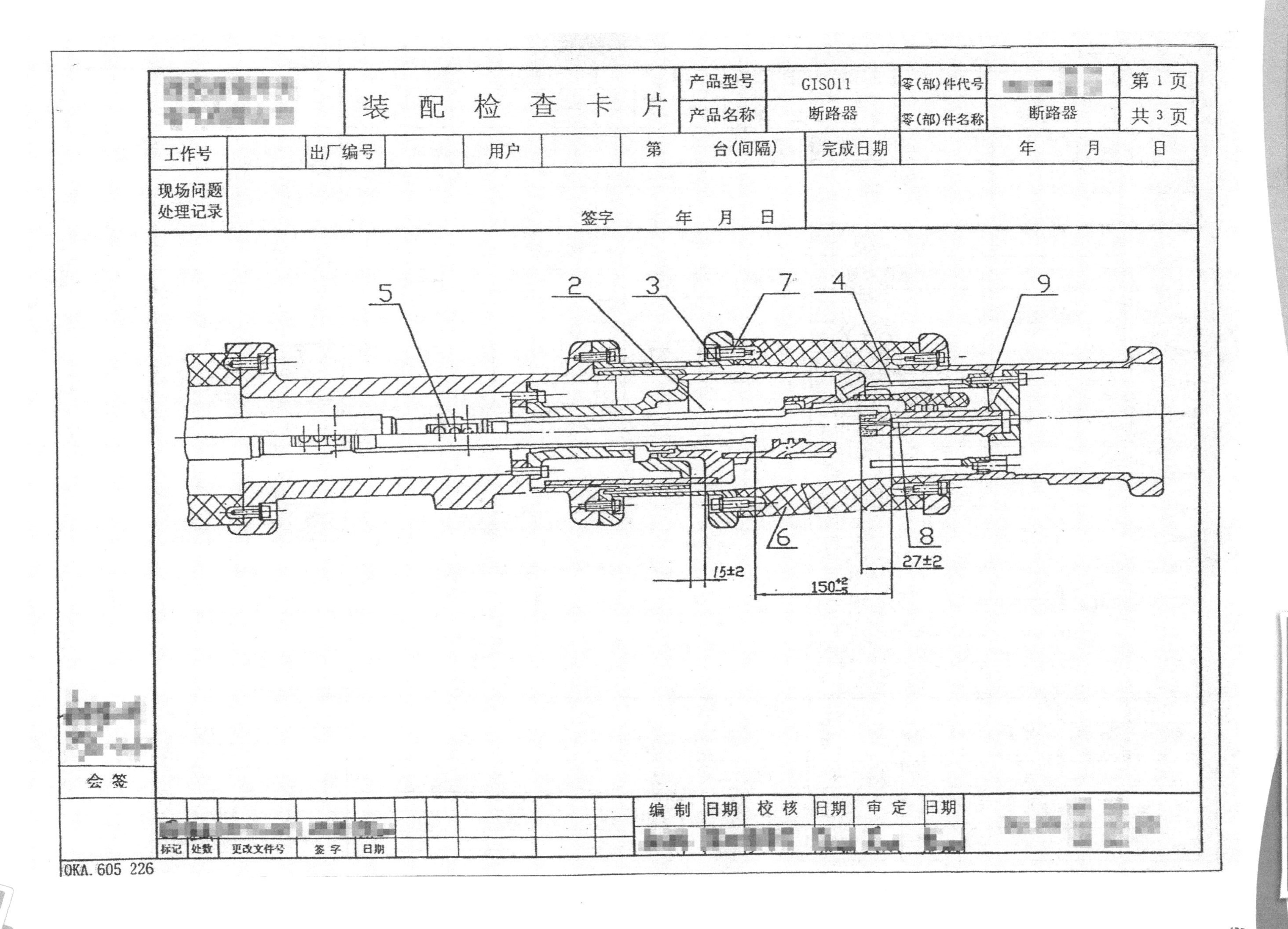

	装配检查卡片	产品型号	GIS011	零(部)件代号		第 1 页
		产品名称	断路器	零(部)件名称	断路器	共 3 页

工作号		出厂编号		用户		第 台(间隔)	完成日期	年 月 日
现场问题处理记录	签字 年 月 日							

会签

标记	处数	更改文件号	签字	日期

编制	日期	校核	日期	审定	日期

0KA.605 226

	装配检查卡片	产品型号	GIS011	零(部)件代号		第1页
		产品名称	断路器	零(部)件名称	轴密封	共1页

工作号		出厂编号		用户		第　　台(间隔)	完成日期	年　月　日
现场问题处理记录	签字　　年　月　日							

序号	项目	自检	抽检	专检
1	(清)(伤)(本)			
2	(本)(装)* 2个			
3	(本)(装)*			
4	(本)(挡)▲			
5	(清)(伤)(本)(装)*			
6	(本)(装)*			
7	(本)(装)*			
8	(本)(方)(装)*			
9	(本)(装)*			
10	(伤)(本)(方)(装)*			
11	(本)(装)*			
12	(本)(装)* 2个			
13	(清)(装)*			
14	(红)(紧)△ 13.7N.m			
15	(动)*			
	(完)▲			

注：
1、若为低温地区工程，卡片代号(本)全部替换为代号(低).
2、如果本工程采用低温润滑脂.
在此处(低)框内用√予以标注

序号	力矩扳手编号
14	

会签

标记	处数	更改文件号	签字	日期	编制	日期	校核	日期	审定	日期

温馨提示

这只是一小部分哦，装配检查卡的全部内容会作为学习材料在课堂全部发给你哦。

你还记得检查卡片上的检查项目代表什么意思么？

去看看项目一的内容吧，你能说出如下符号的含义么？

㊖ ________	㊎ ________	㊐ ________
㊀ ________	㊀ ________	㊀ ________

(调) ________　(方) ________　(间) ________

(动) ________　(滑) ________　(挡) ________

(完) ________　(伤) ________　(本) ________

其次：想一想下列代号所代表的具体检查内容是什么？

(调)：____。

(间)：____。

(挡)：____。

(完)：____。

项目总结

任务结束了，想想你学会了些什么？

想想GIS中断路器的作用是什么？

____

____

____

____

____。

我有哪些收获吗？

____

____

____

____

____。

断路器分装与隔离开关分装有哪些异同之处呢？

____

____

____

____

____。

我和组员之间的合作愉快吗？沟通有效吗？

____

____

____

____

____。

项目三 ZF7A-126GIS组合电器总装（双母组件装配）

来订单喽！

西安某开关股份公司接到一批GIS订单，型号为ZF7A—126，现在各部件分装已经完毕，最后要进行总装，首先要进行双母组件的装配，时间3天，主要是进行DS和母线的装配以及双母组件的对接。

你还记得什么是GIS吗？说说看！

GIS是____

____

____

____。

你能写出图上的部件名称吗？

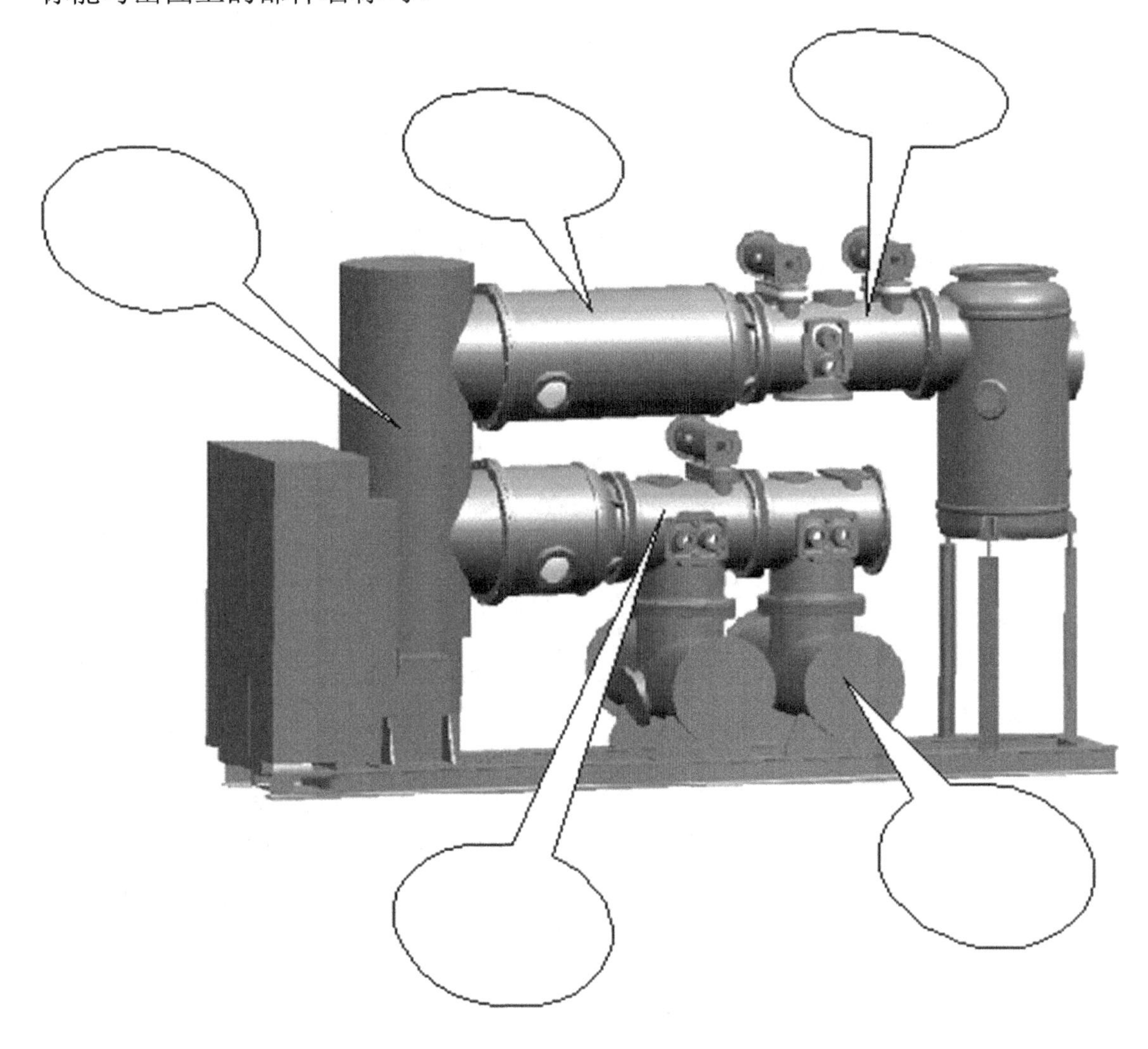

你知道一台GIS是如何诞生的吗？

是的！在上述各部件分装完成后，将上述各部件总装起来，就是一台完整的GIS组合电器啦！

让我们看看GIS组合电器总装是一项怎样的工程吧！

GIS组合电器生产车间

庞大的装配部件

吊装工具

GIS组合电器装配流程如下图：

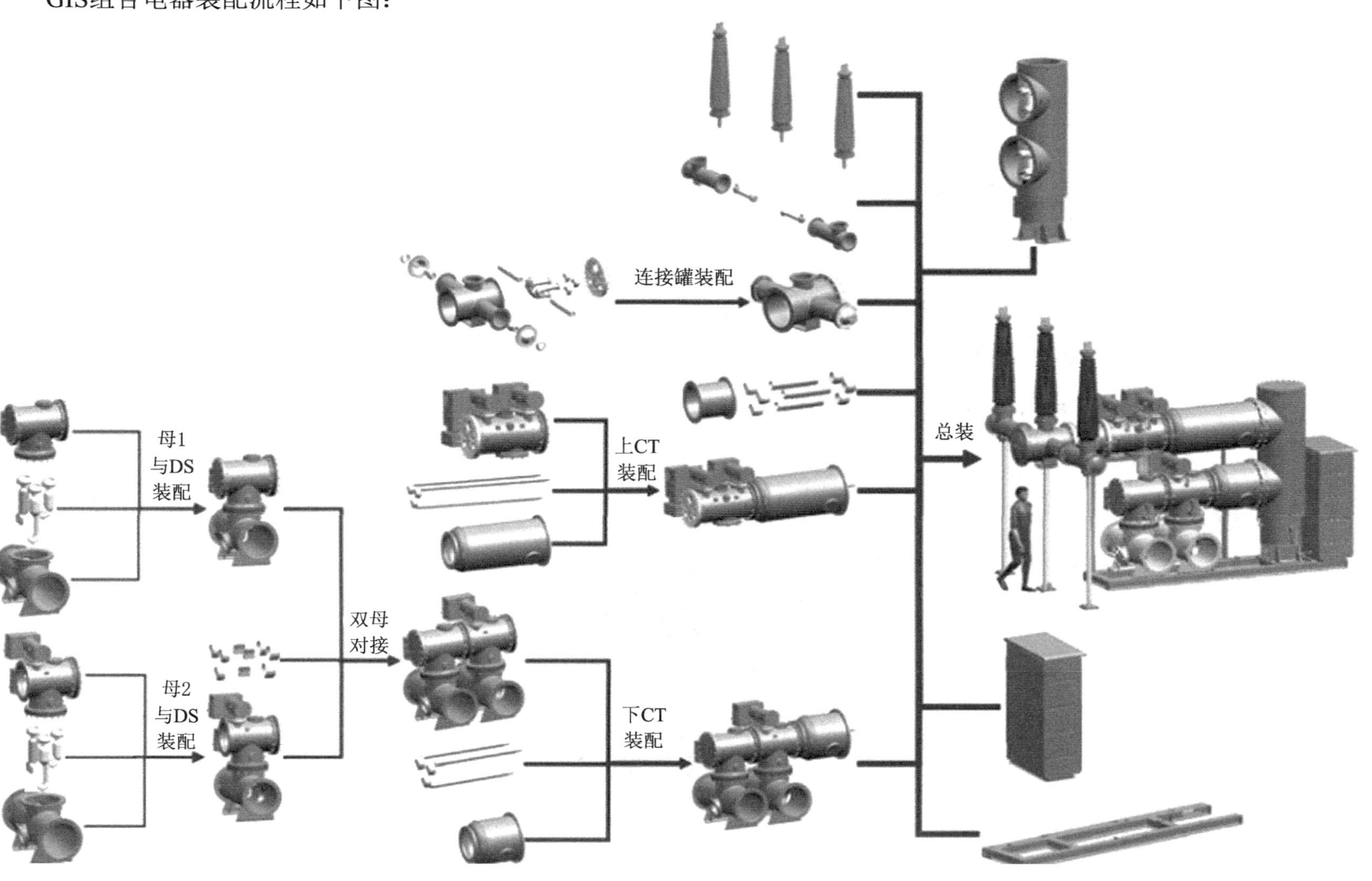

哈哈，不要怕，今天我们只进行GIS组合电器总装的一部分，双母组件的装配，你能行吗？

让我们先来认识一下双母组件吧！

双母组件

双母组件装配涉及部件：

母线通过导电连接件与组合电器的其他元件连通并满足不同的主接线方式，来汇集、分配和传送电能。同时设有伸缩节、波纹管调节装置等。

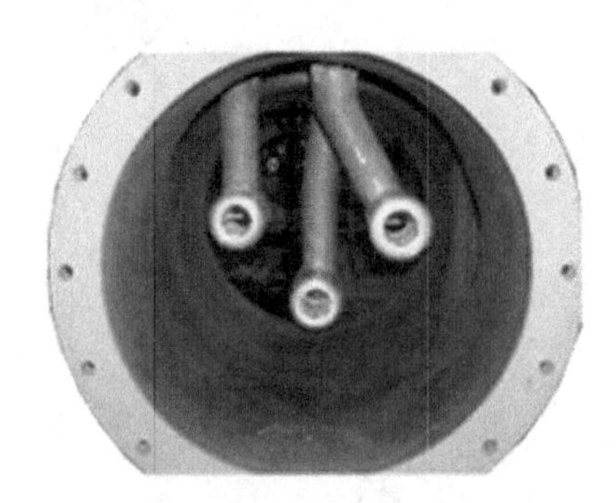

屏蔽罩：作用就是屏蔽外接电磁波对内部电路的影响和内部产生的电磁波向外辐射。

屏蔽罩

触头座：用来固定、安装梅花触头。

触头座

想一想：还记得这是什么吗？

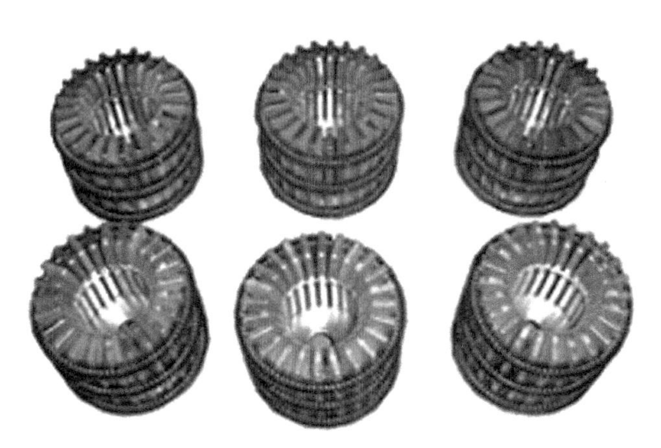

____。

双母组件装配流程

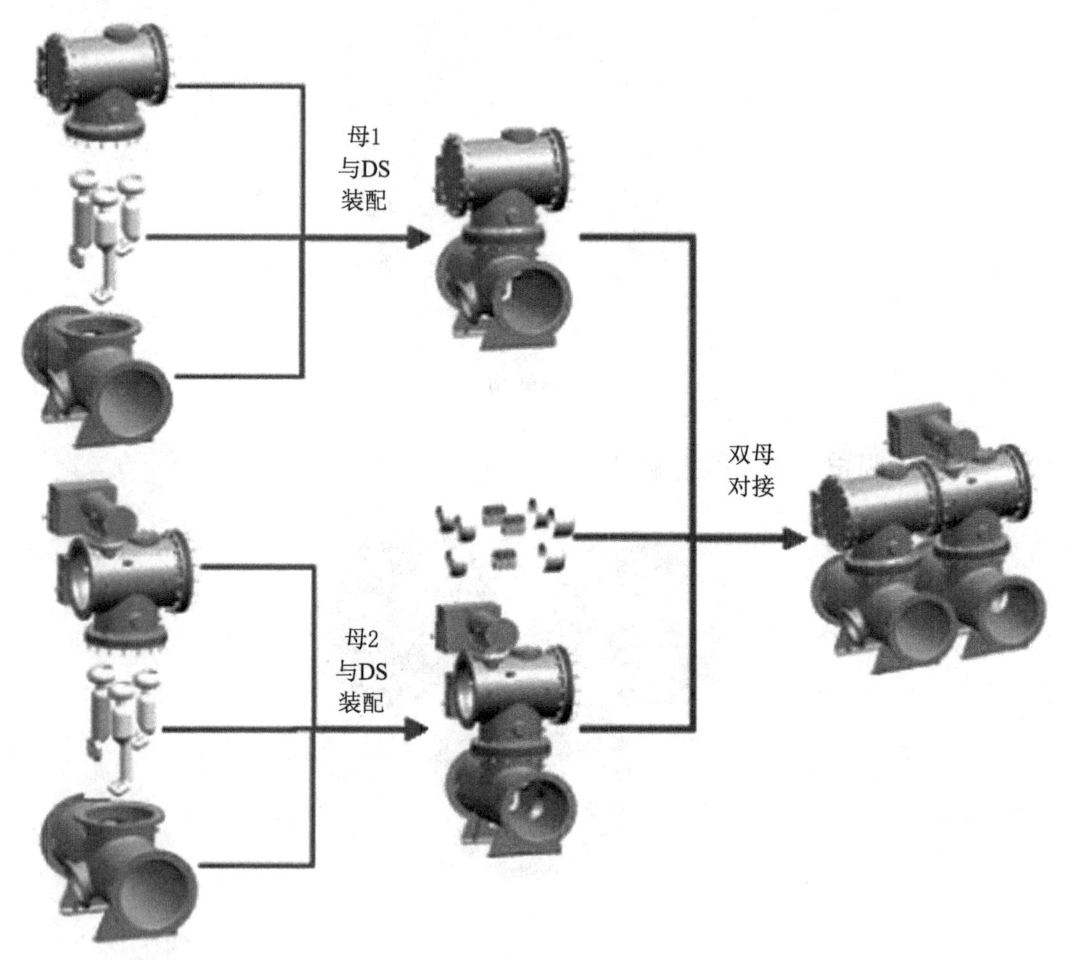

关于GIS组合电器总装和双母组件，你了解了多少？

1.GIS组合电器总装是指？

____

____

____。

2.GIS双母组件设计哪些主要部件？

____

____

____。

制定装配方案

对GIS组合电器总装（双母组件装配）你了解了吗？
你能和组员协作完成一个双母组件的装配吗？

让我们来制定一个装配方案吧！

1. 在教师的引导下进行分组。
2. 各小组根据下表制定装配方案。

表5 ZF7A-126GIS组合电器总装（双母组件装配）装配方案

<table>
<tr><th colspan="5">ZF7A-126GIS组合电器总装（双母组件装配）装配方案</th></tr>
<tr><td colspan="2">小组名称：</td><td colspan="3">小组负责人：</td></tr>
<tr><td colspan="5">小组成员：</td></tr>
<tr><td colspan="5">装配流程：</td></tr>
<tr><th colspan="2">内容</th><th>时间</th><th>人员</th><th>备注</th></tr>
<tr><td colspan="2">领料及准备</td><td></td><td></td><td></td></tr>
<tr><td colspan="2">工具选择</td><td></td><td></td><td></td></tr>
<tr><td rowspan="3">母线与DS罐装配</td><td>屏蔽罩与导体连接</td><td></td><td></td><td></td></tr>
<tr><td>导体与隔离开关连接</td><td></td><td></td><td></td></tr>
<tr><td>隔离开关与母线筒紧固</td><td></td><td></td><td></td></tr>
<tr><td rowspan="3">双母对接</td><td>触头座和梅花触头安装</td><td></td><td></td><td></td></tr>
<tr><td>屏蔽罩及O型圈安装</td><td></td><td></td><td></td></tr>
<tr><td>双母对接、调整、紧固</td><td></td><td></td><td></td></tr>
<tr><td>装配工艺检查</td><td>根据装配检查卡片进行各项目检查</td><td></td><td></td><td></td></tr>
</table>

（续表）

内容		时间	人员	备注
交付现场清理	移交下一道工序			
	整理工具、打扫卫生			

3.以小组为单位汇报装配方案的思路。

4.经教师点评和小组讨论后确定最佳装配方案。

装配实施

方案制定好了，那么让我们开始吧！

工前准备

表6　工前准备

准备项目	检查结果
安全措施	安全帽□、工作服□、工作鞋□、工作手套□
文件资料	标准文件□、装配作业指导书□、工艺守则□

领料及准备

1.零部件领取及检查：根据下表领取零部件，并填写正确的数量和检查结果。

序号	名称	数量	检查结果	备注
1	屏蔽罩	1	规格□、外观□、光洁度□	
2	导体		规格□、外观□、光洁度□	
3	触头座		规格□、外观□、光洁度□	
4	梅花触头		规格□、外观□、光洁度□	

注意：

屏蔽罩的规格及数量的不同。

2.辅料准备：根据下表准备辅料，并填写正确的用量。

序号	名称	数量	备注
1	本顿润滑脂(硅脂)/气体密封胶	50g	
2	酒精		
3	杜邦擦拭纸		
4	百洁布		
5	一次性塑料手套		
6	厌氧胶271		
7	紧固件		

3．工位器具选择：选择正确的工位器具，填入下表。

序号	名称	规格/编号	单位
1			
2			
3			

母线与DS装配

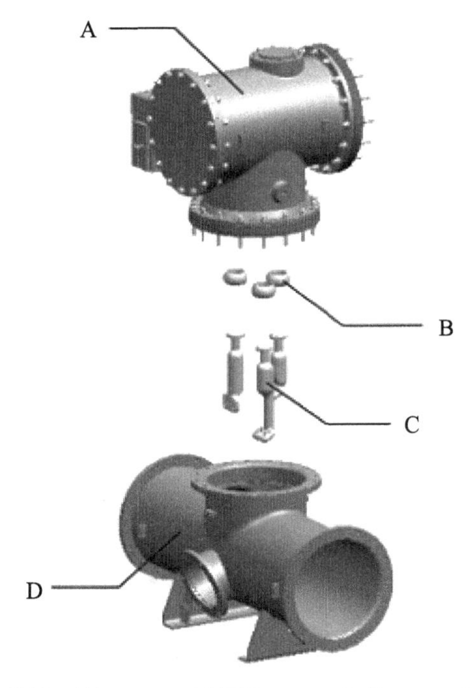

A.隔离开关　B.屏蔽罩　C.导体　D.母线筒

1.屏蔽罩与导体之间的连接：在液压屏蔽小车上放置导体C，将加热好的屏蔽罩B安装到导体上。

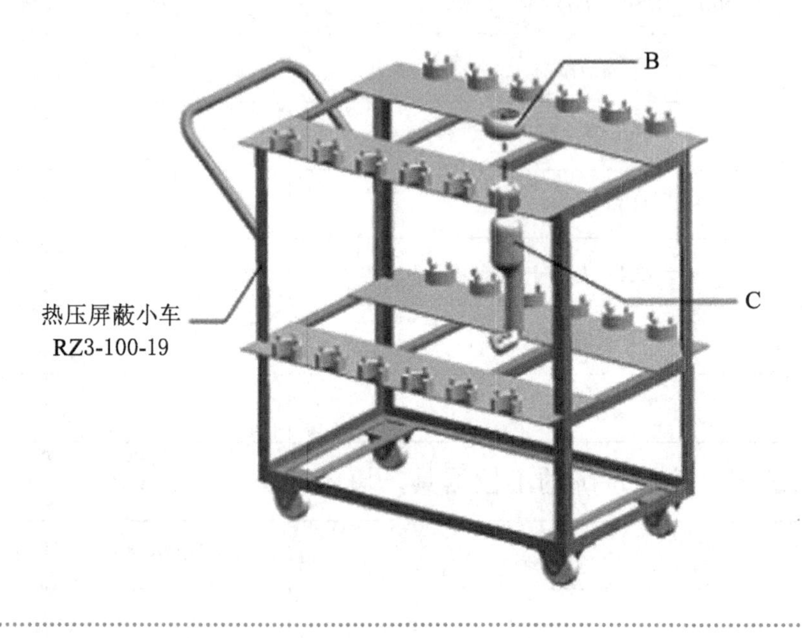

在此过程中，操作工人必须使用石棉手套

2．导体与隔离开关的连接：涂敷厌氧胶于螺钉的螺纹处，用螺钉和垫片将导体紧固到隔离开关上。然后检查和清理密封槽面及O型圈，将密封胶涂至密封槽面，安装O型圈到隔离开关密封槽内。

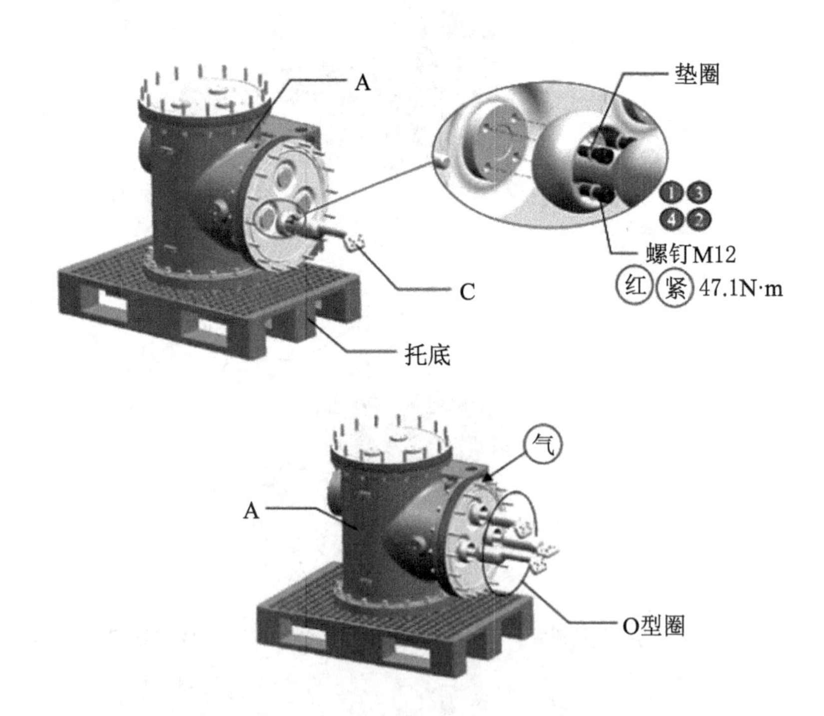

想一想

在此过程中，需要在______涂敷厌氧胶，在______涂敷密封胶。

3.隔离开关与母线筒紧固：吊装隔离开关至母线筒，使用定心螺母紧固定位；然后用螺母和垫圈紧固隔离开关与母线筒。

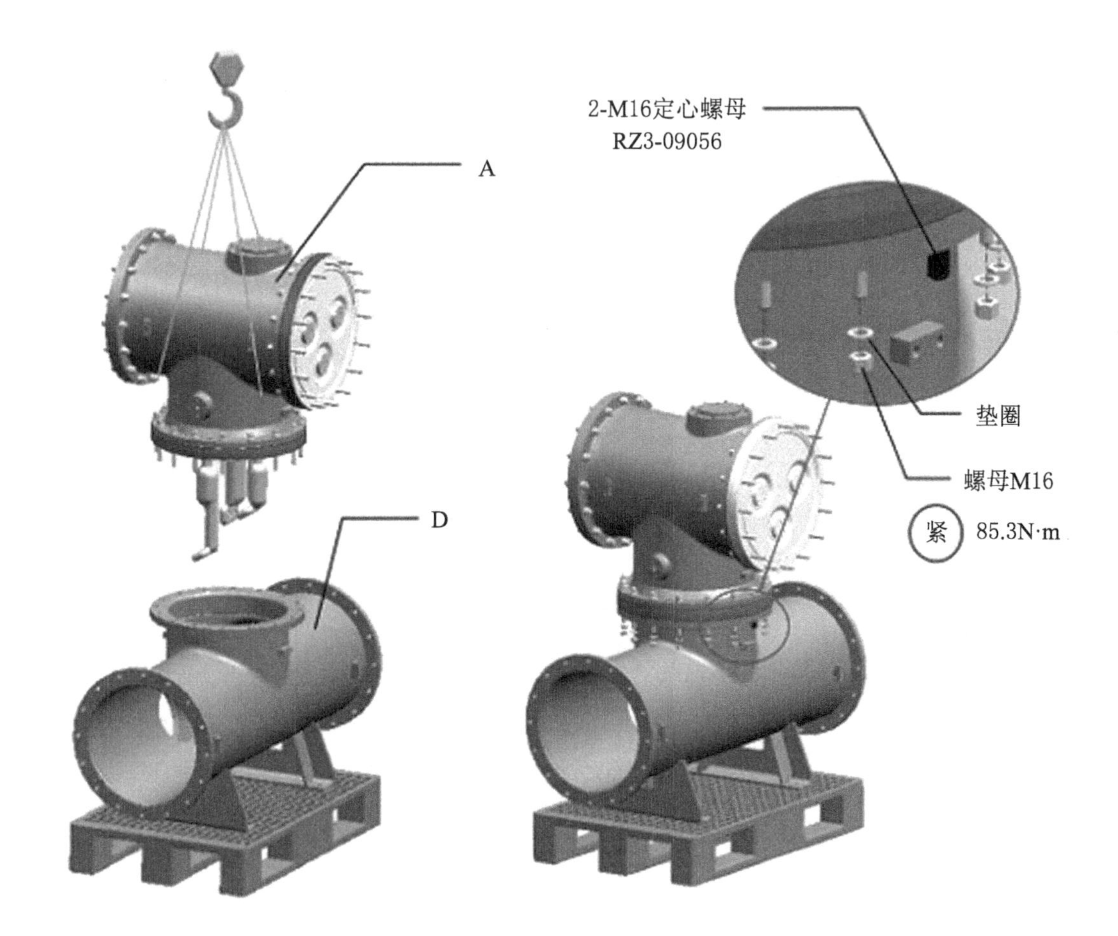

温馨提示

注意紧固件的力矩值和定心螺母的使用。

双母对接

装配示意图：

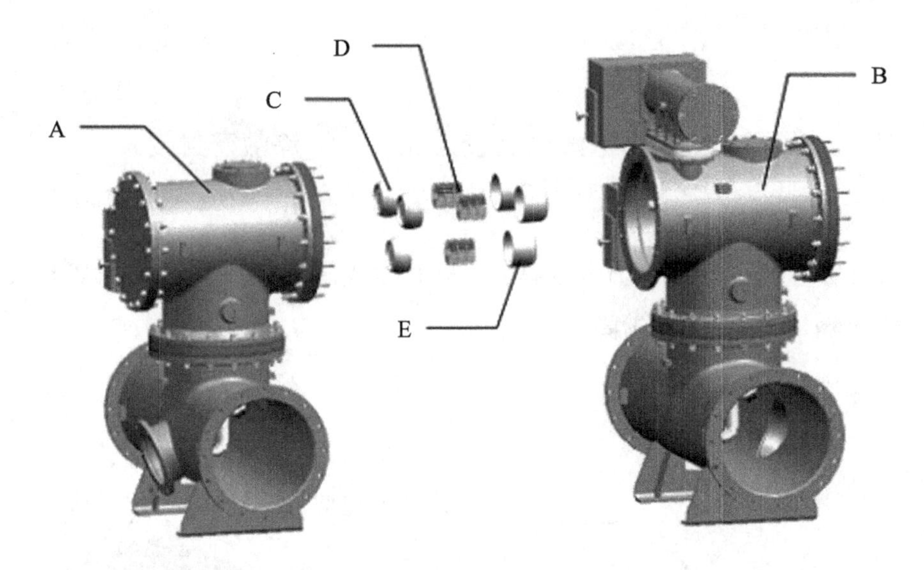

A.母1组件 B.母2组件 C.触头座 D.梅花触头 E.屏蔽罩

1. 安装触头座和梅花触头至母线1组件：使用螺钉和垫片紧固触头座至母线1组件；使用螺钉和垫片紧固梅花触头至触头座。

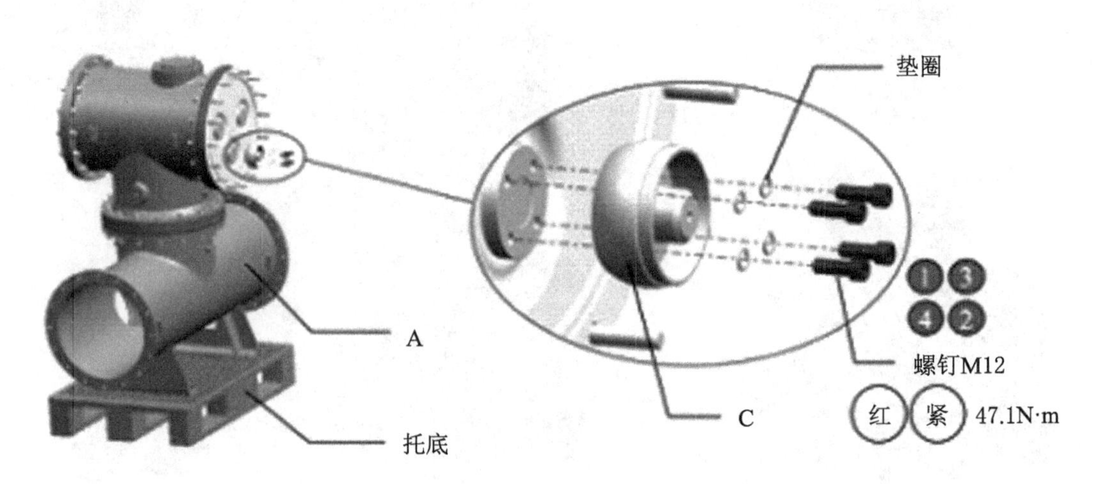

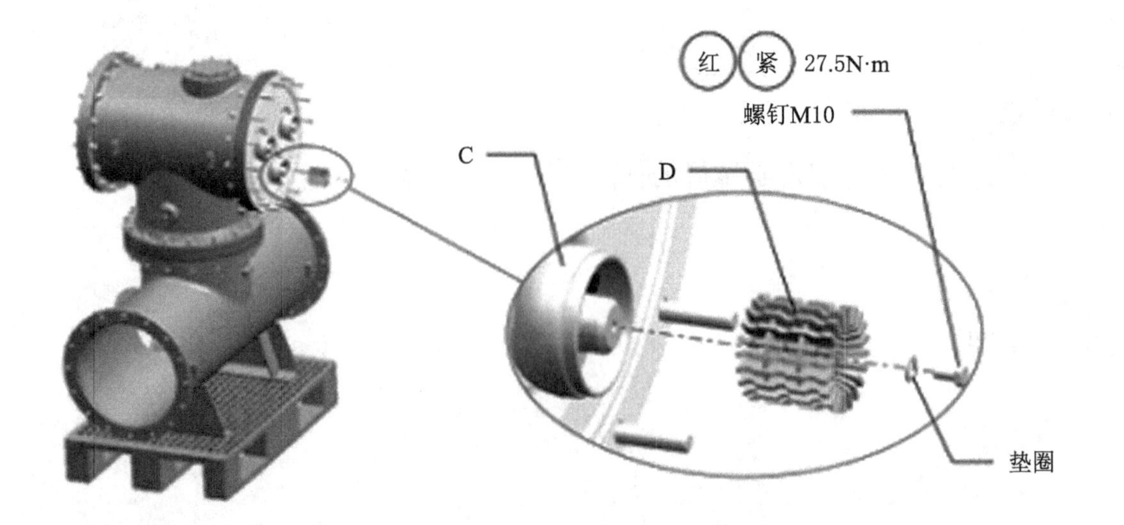

2.安装屏蔽罩及O型圈：将加热好的屏蔽罩安装至触头座，然后对隔离开关密封槽面进行处理，涂敷密封胶，安装O型圈至密封槽。

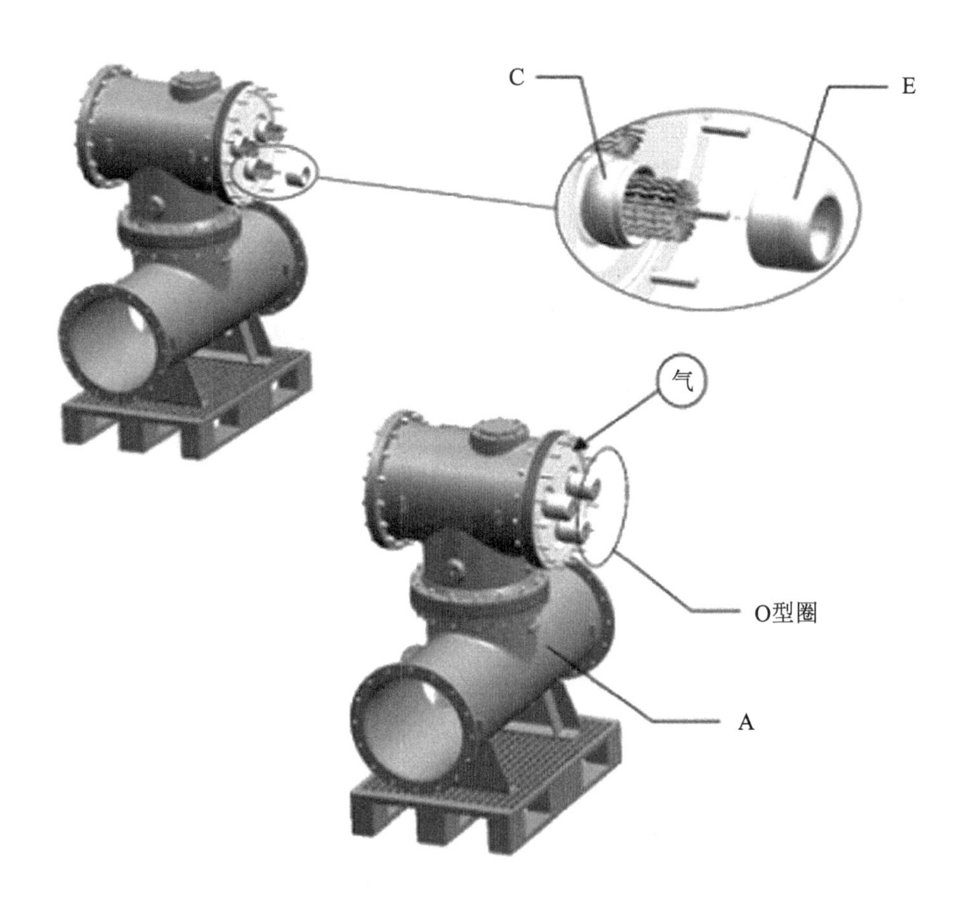

温馨提示

在此步骤中的安装屏蔽罩时需要使用石棉手套

3. 双母对接：将母线2的导体插入母线1的梅花触头。

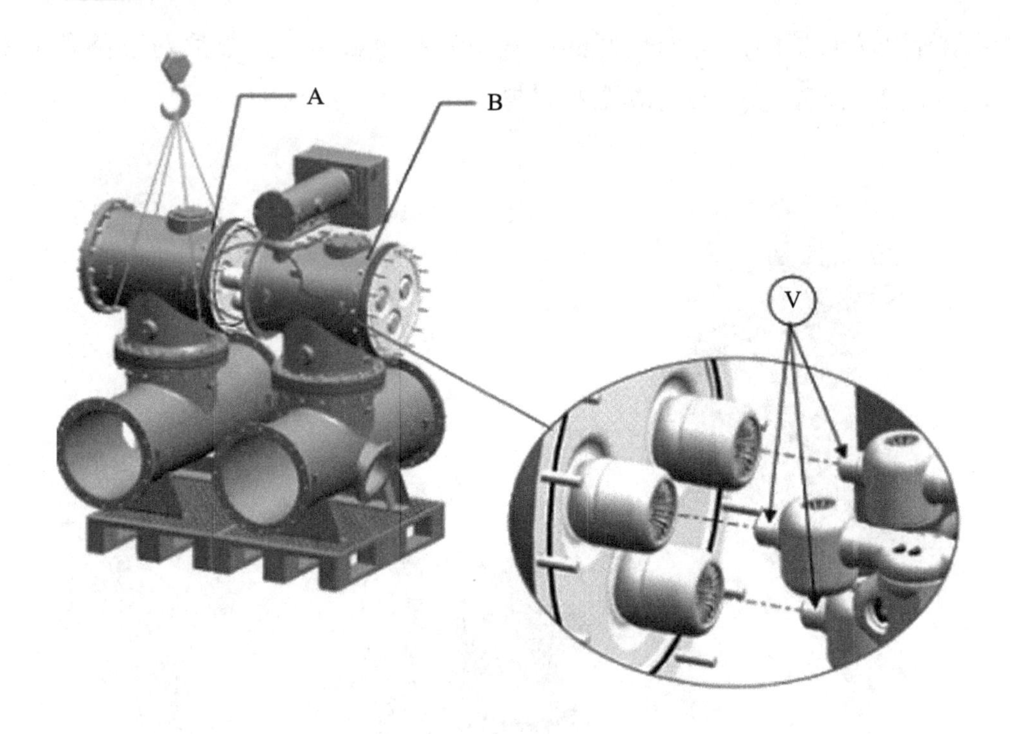

4. 两母线的调整和紧固：使用母线定位工装和定位销调整两母线的间距，然后使用定心螺母进行紧固定位，最后使用螺母和垫圈对母线1组件和母线2组件进行紧固。

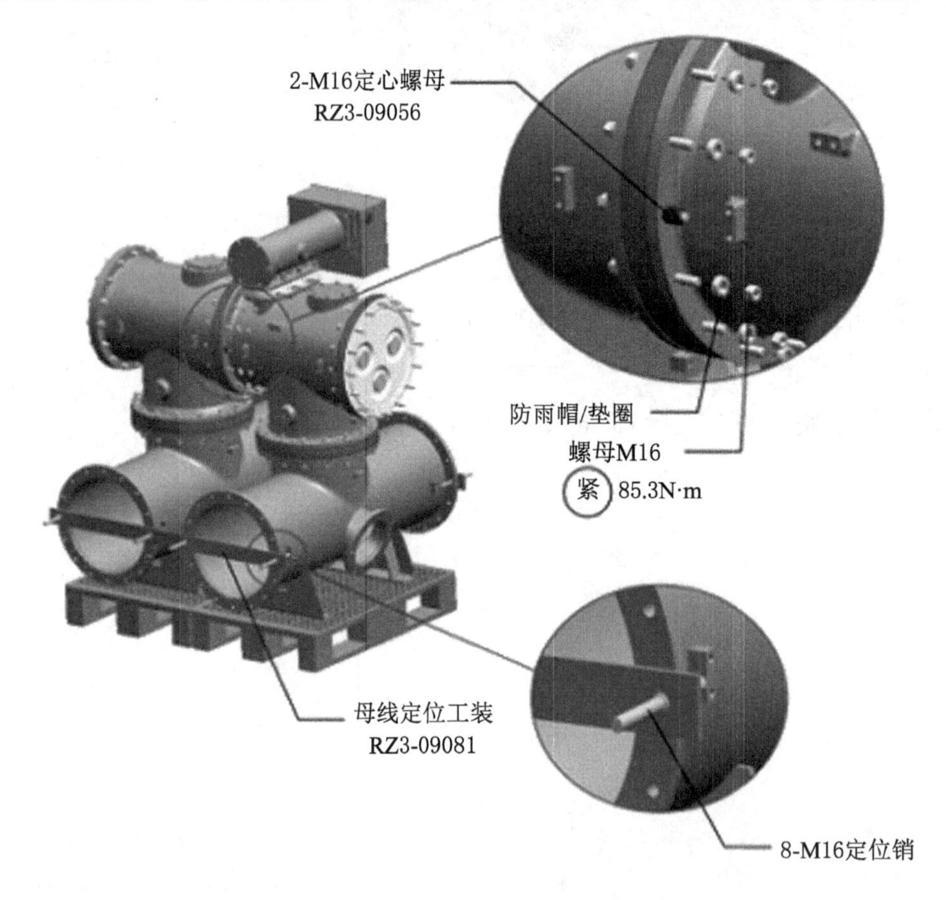

考一考

你知道母线定位工装的作用是什么吗？

____

____

终于装配完成了，这其中遇到了什么问题了吗？怎么解决的？

写下来吧！

____

____

____

____。

装配检查

你装配的双母组件符合要求吗？让我们检查一下吧！

根据装配检查卡的检查项目及要求进行装配工艺的检查。

	装配检查卡片	产品型号	GIS021	零(部)件代号		第 1 页
		产品名称	DS. ES. FES	零(部)件名称	接地开关	共 3 页

工作号		出厂编号		用户		第　台(间隔)	完成日期	年　月　日
现场问题处理记录	签字　年　月　日							

会签						
标记	处数	更改文件号	签字	日期		
编制	日期	校核	日期	审定	日期	

这只是一小部分哦，装配检查卡的全部内容会作为学习材料在课堂全部发给你哦。

你还记得检查卡片上的检查项目代表什么意思么？

去看看项目一的内容吧，你能说出如下符号的含义么？

㊣清 ________	气 ________	紧 ________
红 ________	滑 ________	挡 ________
V ________	屏 ________	本 ________

其次：想一想下列代号所代表的具体检查内容是什么？

伤：____。

粘：____。

支：____。

中：____。

项目总结

任务结束了，想想你学会了些什么？

GIS总装流程是什么？

____

____

____

____

____。

我有哪些收获吗？

____

____

____

____

____。

我和组员之间的合作愉快吗？沟通有效吗？

____

____

____

____

____。